武陵山区国家级自然保护区植物图鉴丛书

湖北七姊妹山
国家级自然保护区植物图鉴

（下）

刘 虹 覃 瑞 熊坤赤 编著

科学出版社

北 京

内　容　简　介

七姊妹山国家级自然保护区位于武陵山区湖北恩施土家族苗族自治州宣恩县境内。保护区内生物多样性极其丰富，有完好的原始森林，主要保护对象为中亚热带森林生态系统、珙桐等珍稀植物群落及国家重点保护的野生动植物资源。本套书(含上下两册)共收录有七姊妹山保护区典型维管植物 188 科 620 种。《湖北七姊妹山国家级自然保护区植物图鉴(下)》共收录有被子植物合瓣花类瑞香科至鹿蹄草科、被子植物合瓣花及单子叶植物，累计 63 科 102 属约 300 种。

可供从事植物学研究的科研工作者及爱好者参考。

图书在版编目(CIP)数据

湖北七姊妹山国家级自然保护区植物图鉴.下/刘虹，覃瑞，熊坤赤编著.—北京：科学出版社，2017.11

(武陵山区国家级自然保护区植物图鉴丛书)

ISBN 978-7-03-055316-4

Ⅰ.①湖… Ⅱ.①刘… ②覃… ③熊… Ⅲ.①自然保护区-植物-宣恩县-图集 Ⅳ.①Q948.526.34-64

中国版本图书馆 CIP 数据核字(2017)第 279798 号

责任编辑：闫　陶/责任校对：董艳辉
责任印制：彭　超/封面设计：莫彦峰

科　学　出　版　社 出版

北京东黄城根北街 16 号
邮政编码：100717
http://www.sciencep.com

武汉精一佳印刷有限公司印刷

科学出版社发行　各地新华书店经销

*

开本：787×1092　1/16
2017 年 11 月第　一　版　　印张：22 1/2
2017 年 11 月第一次印刷　　字数：480 000
定价：198.00 元
(如有印装质量问题，我社负责调换)

武陵山区国家级自然保护区植物图鉴丛书

编审委员会

湖北七姊妹山国家级自然保护区植物图鉴

编审委员会

主　　编：刘　虹　覃　瑞　熊坤赤

副 主 编：宋春禄　彭宗林

编　　委：兰德庆　田焕焕　史雪瑶　王　　毅

李　　刚　刘秋宇　刘　　炼　张永申

张　　滢　余光辉　陈　　雁　吴瑞云

罗　　琳　林　寒　柯　杰　夏　婧

郭　　晖　黄士栩　鲁梦雪　韩　　昕

董　　翔　熊海容

主　　审：郭友好　罗永生

武陵山区国家级自然保护区植物图鉴丛书

合 作 单 位

（排名不分先后）

中南民族大学

武汉大学

湖北民族学院

湖北省农业科学院中药材研究所

湖北楚湘农业发展投资开发有限公司

湖北七姊妹山国家级自然保护区（宣恩县）

湖北星斗山国家级自然保护区（恩施市、利川市、咸丰县）

湖北木林子国家级自然保护区（鹤峰县）

湖北尖崩子国家级自然保护区（长阳县）

湖北后河国家级自然保护区（五峰县）

湖北巴东县金丝猴国家级自然保护区（巴东县）

丛书项目资助

■ 科技部科技基础性工作专项（A类）"武陵山区生物多样性综合科学考察"（2014FY110100）

■ 中南民族大学生物学博士点建设专项

■ 中南民族大学民族药学"十二五"国家级实验教学示范中心建设项目

■ 中南民族大学基本科研业务费中央专项

■ 中南民族大学"武陵山区特色资源植物种质保护与综合利用"湖北省重点实验室建设专项

序 一

　　武陵山区作为典型的"老少边穷"地区，是国家区域发展与扶贫攻坚的重点区域之一，历来为国家所关注。尤其是在"十二五"期间，在党中央、国务院统一部署下，由国家民族事务委员会负责牵头组织实施，从其直属6所高校抽调精兵强将作为武陵山区联络员，派驻武陵山区71个县（市、区）担任重要领导职务，拉开了国家层面实施武陵山片区精准扶贫的序幕。

　　长期以来，外界对武陵山片区一直局限于"贫穷落后"的认识，殊不知，武陵山区人才辈出，如湘西著名文学家沈从文，慈善教育家熊希龄，"鬼才"画家黄永玉和诞生于武陵山区的中国航天第一人、中国航校创始人秦国镛校长，其子秦家柱在抗日战争中第一个驾机击落日机，明朝时武陵山区三千土兵去沿海参加抗倭，历史有名的"改土归流"就发生于武陵山区。闻名中外的里耶古城，申遗成功的土司文化遗址等也位于武陵山区。武陵山区还传唱出了闻名世界的民族金曲《龙船调》、脍炙人口的民歌《六口茶》。

　　独特的地理环境也造就了丰富的生物资源。武陵山区是我国35个生物多样性优先保护区域之一，是北纬30°上地理结构最稳定、生物多样性最丰富、文化资源最繁盛的区域之一，人文地理及生物资源得天独厚，素有"华中药库""中国绿肺"之称。由于历史、交通等诸多客观原因造成了该区域经济上的发展滞后，与其丰富多样的资源严重不相称。应该说武陵山区是穷而不贫，关键问题是如何发挥资源优势。

　　值得欣慰的是，国家民族事务委员会直属院校自改革开放以来得到了迅猛发展，在人文社会科学、自然科学方面储备了大量优秀人才，使得民族高校在少数民族地区发展中发挥重要作用成为可能。在与武陵山区同位于华中地区的中南民族大学里，一批年轻的科研工作者率先把目光转向了武陵山区，把武陵山区丰富的生物资源保护与利用作为主要研究内容。这批科研工作者在武陵山区艰苦、细致的前期工作得到了同行专家和武陵山区各级人民政府的广泛认可和支持，由此等诸多因素促成了2014年由中国科学院动物研究所、中南民族大学牵头的"武陵山区生物多样性综合科学考察"项目获得科技部科技基础性工作专项重点项目的支持。这将是武陵山区发展史上一个重要的里程碑式事件。

　　正是急武陵山区发展之所急，需武陵山区发展之所需，在项目完成后拟出版的《武陵山区植物志》付梓之前，在前期野外调查工作基础上，中南民族大学与武陵山区内的国家级自然保护区决定抽出专门人员和专项资金先行出版《湖北七姊妹山国家级自然保护区植物图鉴》，在本丛书即将陆续付梓之际，谨祝之外，衷心感谢长久以来关注民族地区、支持民族地区发展的学者和社会各界人士，希望更多中青年学者、科研工作者投入民族地区的科学研究和社会发展工作中，为实现中华民族伟大复兴作出应有的贡献。

国家民族事务委员会教育科技司司长

2015年12月

序 二

武陵山区为武陵山脉所覆盖区域，包括湖北、湖南、贵州和重庆 4 省（直辖市）交界的 71 个县、市、区，总面积约 17 万 km²。武陵山区属于第一、二阶梯的过渡地带，是我国亚热带森林系统核心区。武陵山区是我国植物多样性的一个关键地区，植物区系组成复杂多样，植物资源极其丰富，有着丰富的东亚－北美间断和中国特有属，也是中国 3 个特有中心之一——川东－鄂西特有中心的核心区域，该区域内仅国家级自然保护区就有 23 个。

早在 1988～1990 年，以中国科学院植物研究所路安民研究员、王文采院士为首的老一辈植物学家就组织过对原武陵山区（当时含 50 个县、市、区，面积约 10 万 km²）植物资源的调查，其调查结果显示：武陵山区共有维管植物 217 科、1039 属、3807 种。武陵山区的植物多样性由此可窥一斑。现如今，27 年过去了，武陵山区无论是面积还是人口都发生了变化。由中南民族大学、中国科学院植物研究所、吉首大学、怀化学院组成的植物多样性野外考察团队，本着完善武陵山区植物多样性本底数据的需要，为解决经济快速增长与植物资源保护及可持续性利用之间的矛盾，以促进地方生态产业和生态文明建设、实施武陵山区精准扶贫战略目标为宗旨，开展武陵山区植物多样性综合科学考察。这一科学考察具有重要意义。

本书上下两册共收录七姊妹山国家级自然保护区内的代表性维管植物 188 科、316 属、620 种。蕨类植物按照张宪春等提出的 35 科分类系统进行排列，种子植物按照恩格勒分类系统进行排列。每种植物配以全株、花或果实的特写，融科学性和美观、实用为一体。

作为科技部科技基础性工作专项重大项目"武陵山区生物多样性综合科学考察"（2014FY110100）研究的系列成果之一，该图鉴的出版将为武陵山区地方政府对植物资源的合理开发、利用及保护提供重要科学依据，同时也为各自然保护区的科学管理提供第一手的基础资料，对实现国家"十二五"规划中"高效、生态、安全"的现代生物资源产业发展模式具有十分重要的意义。尤为重要的是，培养和锻炼出了一支从事经典植物学研究的专业队伍。

郭友好

武汉大学生命科学学院

2015年12月

武陵山区概述

1.武陵山区介绍

武陵山区指武陵山脉所覆盖的地区，包括湖北、湖南、贵州、重庆4省（直辖市）71个县、市、区。2011年，国务院扶贫开发领导小组办公室从扶贫开发的角度出发，基于地理范围、历史文化、现实因素等方面综合考虑，在《武陵山片区区域发展与扶贫攻坚规划》中明确规定武陵山片区范围包括11个市、州、71个县（图0-1与表0-1）。总面积为17.18万km²；其中国家扶贫开发工作重点县42个，少数民族自治县34个，包括1376个乡镇，其中民族乡122个；全区有23032个行政村，其中国家级贫困村11303个；武陵山片区境内有30多个少数民族，其中土家族、苗族、侗族、白族、回族和仡佬族2300万，占武陵山区总人口3900万的59%，约占全国少数民族人口的13%。

图 0-1 武陵山区片区规划图

（1）历史沿革

"武陵"作为行政区划的名称始于汉代。《汉书·地理志》载："武陵郡，高帝置。"《中国古今地名大辞典》在解释"武陵郡"时说："汉置，治义陵，在今湖南溆浦县南三里。后汉移至临沅，在今湖南常德县西。隋初废，寻复置移今常德县治。唐置朗州，寻仍曰武陵郡，后又为朗州。宋曰朗州武陵郡，寻废。"《辞海》在解释"武陵"时说："郡名。汉高帝五年（公元前202年）置。治义陵（今湖南溆浦南）。元帝以后辖境相当今湖北长阳、五峰、鹤峰、来凤等县，湖南沅江流域以西，贵州东部及广西三江、龙胜等地。东汉移治临沅（今湖南常德市西）。其后辖境逐渐缩小。隋开皇九年（589年）废。大业及唐天宝、至德时又曾改朗州为武陵郡。"延至宋以后，"武陵"作为行政区划的名称再未出现于文献中，元朝开始施行行省制度，历史上的"武陵郡"划归于湘、鄂、川、黔4省管辖，于是"武陵"被湘、鄂、渝、黔边区所代替。

（2）地貌气候

武陵山区属我国海拔地形第二级台阶东部边缘的一部分，是我国三大地形阶梯中的第一级阶梯向第二级阶梯的过渡带，位于北纬27°10′～31°28′，东经106°56′～111°49′，是云贵高原的东部延伸地带，是连接云贵高原和洞庭湖平原的过渡区。其地质、地貌类型复杂,主要由古生代的沉积岩和部分沉积变质岩组成,喀斯特地貌特征明显,地形复杂且海拔差异大,平均海拔1000m以上,梯度变化为100~3000m,武陵山区全境的70%处于海拔800m以上,境内有梵净山、八大公山、星斗山、七姊妹山等主要山峰。武陵山脉的主峰为梵净山,海拔2572m。

武陵山脉贯穿湖北、湖南、贵州、重庆4省(直辖市),是乌江、沅江、澧水的分水岭。武陵山区地处北纬30°附近,气候属亚热带向暖温带过渡类型,平均温度为13~16℃;降水量为1100~1600mm;无霜期在280 d左右,气候温暖湿润。武陵山脉形成于晚侏罗纪至早白垩纪古老的"燕山运动",历经了1亿多年的重大地质历史事件与古气候的环境变迁过程,并在第四纪冰期中成为许多古老孑遗物种的"避难所",形成了古老、独特且丰富的动植物类群与区系成分。正是因为其得天独厚的地貌及气候条件,孕育了武陵山区丰富的动植物多样性。

(3)发展现状

武陵山区是我国内陆跨省交界地区面积最大、人口最多的少数民族聚居区,是国家西部大开发和中部崛起战略的交汇地带,是典型的"老少边穷"地区,也是我国扶贫开发的重点区域。改革开放以来,在党的民族政策的大力扶持下,武陵山区经济社会发展加快,经济总量获得较大提升,但是,由于起点低、底子薄,与全国其他地区相比,人均生产总值偏低,起支撑作用的企业不多,

地区发展存在较大的失衡。武陵山区在有效的发展进程中呈现出以下区域特征:经济发展总体水平低,城镇空间结构分散,基础设施建设严重落后,生态环境脆弱,公共服务能力弱,市场发展程度低。

20世纪80年代以来,武陵山区先后建立了湘鄂川黔边区(县、市、区)政府经济技术协作区、渝鄂湘黔毗邻地区民族工作协作会、渝鄂湘黔县市区(书记县长)经济发展研究会等区域协作形式。2009年,《国务院关于推进重庆市统筹城乡改革和发展的若干意见》(国发〔2009〕3号)明确提出:"协调渝鄂湘黔四省市毗邻地区成立'武陵山经济协作区',组织编制区域发展规划,促进经济协作和功能互补,加快老少边穷地区经济社会发展。"同时,国家民族事务委员会也提出了支持和促进"一区(武陵山区)九族(人口在10万人以上、50万人以下的9个少数民族)"的发展战略。2010年,在国家新一轮西部大开发战略中武陵山区被确定为6个重点发展区域之一。2011年,再次被列入国家"十二五"规划中实施扶贫攻坚工程特殊困难的地区。

2.武陵山区生物多样性

生物多样性是人类赖以生存的条件,是经济社会可持续发展的基础,是生态安全和和粮食安全的保障。武陵山区作为全国14个集中连片特困地区之一,属于自然环境、经济及社会发展同一性较强的相对完整和独立的地理单元,是世界自然基金会确定的全球200个最具国际意义的生态区之一,

也是我国35个生物多样性保护的关键区域之一。

武陵山区素有"华中药库"之称，是我国亚热带森林系统的核心区，也是长江流域重要的水源涵养区与生态屏障，生物多样性极其丰富，该区域仅国家级自然保护区就有23个（表0-2），密度之高全国罕见。目前对武陵山区生物多样性比较全面的统计数据来源于1988～1990年中国科学院组织的原武陵山区动植物资源调查，其调查结果显示：①武陵山区共有维管植物217科、1039属、3807种。其中蕨类植物44科、111属、586种；裸子植物6科、17属、29种；被子植物154科、822属、2982种；另有引种栽培植物13科、210种。②共鉴定脊椎动物和无脊椎动物5000余种，其中包括1新科、

表0-1 武陵山区行政区域范围

省（市）	地（市、州）	县（市、区）
湖北省（11个）	宜昌市	秭归县、长阳土家族自治县、五峰土家族自治县
	恩施土家族苗族自治州	恩施市、利川市、建始县、巴东县、宣恩县、咸丰县、来凤县、鹤峰县
湖南省（37个）	邵阳市	新邵县、邵阳县、隆回县、洞口县、绥宁县、新宁县、城步苗族自治县、武冈市
	常德市	石门县
	张家界市	慈利县、桑植县、武陵源区、永定区
	益阳市	安化县
	怀化市	中方县、沅陵县、辰溪县、溆浦县、会同县、麻阳苗族自治县、新晃侗族自治县、芷江侗族自治县、靖州苗族侗族自治县、通道侗族自治县、鹤城区、洪江市
	娄底市	新化县、涟源市、冷水江市
	湘西土家族苗族自治州	泸溪县、凤凰县、保靖县、古丈县、永顺县、龙山县、花垣县、吉首市
重庆市（7个）		丰都县、石柱土家族自治县、秀山土家族苗族自治县、酉阳土家族苗族自治县、彭水苗族土家族自治县、黔江区、武隆县
贵州省（16个）	遵义市	正安县、道真仡佬族苗族自治县、务川仡佬族苗族自治县、凤冈县、湄潭县、余庆县
	铜仁地区	铜仁市、江口县、玉屏侗族自治县、石阡县、思南县、印江土家族苗族自治县、德江县、沿河土家族自治县、松桃苗族自治县、万山特区

注：引自《武陵山片区区域发展与扶贫攻坚规划（2011—2020年）》。

多个新属和约280个新种。武陵山区是物种资源和遗传资源的天然宝库。该区是我国新近纪古老植物的残遗分布中心之一，保留有许多古老的孑遗植物，如珙桐、银杉、水杉、香果树等。武陵山区的动物种类约占全国种类总数的2/3以上，而且相当一部分土著种为我国主要经济动物或珍稀濒危动物，经济价值和学术价值重大。武陵山区的生物多样性丰富程度可窥一斑。

3.武陵山区生物多样性科学考察的重要性

武陵山区的生物多样性极其丰富，但

表0-2 武陵山区内23个国家级自然保护区名录

省份	名称	地理位置	批准时间
湖北（7）	1.后河国家级自然保护区	五峰土家族自治县	2000年
	2.星斗山国家级自然保护区	利川市、咸丰县、恩施市	2003年
	3.七姊妹山国家级自然保护区	宣恩县	2008年
	4.咸丰忠建河大鲵国家级自然保护区	咸丰县	2012年
	5.木林子国家级自然保护区	鹤峰县	2012年
	6.巴东金丝猴国家级自然保护区	巴东县	2015年
	7.长阳崩尖子国家级自然保护区	长阳土家族自治县（申报中）	2016年
湖南（13）	8.八大公山国家级自然保护区	桑植县	1986年
	9.壶瓶山国家级自然保护区	石门县	1994年
	10.张家界大鲵国家级自然保护区	张家界市武陵源区	1996年
	11.小溪国家级自然保护区	永顺县	2001年
	12.黄桑国家级自然保护区	绥宁县	2005年
	13.舜皇山国家级自然保护区	新宁县	2006年
	14.乌云界国家级自然保护区	桃源县	2006年
	15.鹰嘴界国家级自然保护区	会同县	2006年
	16.借母溪国家级自然保护区	沅陵县	2008年
	17.六步溪国家级自然保护区	安化县	2009年
	18.高望界国家级自然保护区	古丈县	2011年
	19.白云山国家级自然保护区	保靖县	2013年
	20.金童山国家级自然保护区	城步苗族自治县	2013年
贵州（2）	21.梵净山国家级自然保护区	江口县、印江土家族苗族自治县、松桃苗族自治县	1986年
	22.麻阳河国家级自然保护区	沿河土家族自治县、务川仡佬族苗族自治县	2003年
重庆（1）	23.金佛山国家级自然保护区	重庆市南川区	2000年

是随着人类经济活动的深入、现代旅游开发等，不可避免地造成了该地区自然环境的诸多破坏，导致许多珍稀物种面临着灭绝的危险。此外，由于武陵山区的经济落后、交通不便，历史上该地区的生物资源调查很不完善。迄今为止，历史上对武陵山区较为全面系统的综合科学考察是"七五"期间，1988~1990年中国科学院的综合考察。时至今日，27年过去了，武陵山区发生了翻天覆地的变化，人口扩张和城镇建设飞速发展，当地野生生物资源状况也必然随之受到严重影响。首先，人口激增导致了资源的匮乏。武陵山区的人口由1988年统计的1500万变成了现在的约3900万，人口的增加带来了生物资源需求量的激增，生物多样性保护也因此面临巨大的压力；其次，行政区域变更（由原来的50个县变更为现在的71个县、市、区）及面积的变化（由原来的约10万km²扩张为现在的约17万km²），促使我们要进一步加强对武陵山区生物多样性的调查和统计。重提武陵山区生物多样性综合科学考察是保护地方生物多样性的需要，也是区域内众多国家级自然保护区发展的需要；既可以完善前期调查工作的不足，又能够协调武陵山区经济快速增长与生物资源保护及可持续性利用之间的矛盾，促进武陵山区生态产业和生态文明的建设。

正是在上述背景下，2014年度"武陵山区生物多样性综合科学考察"通过了科技部科技基础性工作专项重大项目的审核并得以立项（编号：2014FY110100），并于2014年

7月在北京召开了项目启动会。该项目由中国科学院动物研究所（负责动物多样性综合考察）和中南民族大学（负责植物多样性综合考察）联合主持，中国科学院植物研究所、吉首大学、贵州大学、湖北大学、湖南师范大学、中国科学院水生生物研究所、华中师范大学、中国科学院昆明动物研究所、西南民族大学、怀化学院共10个单位参与。该项目将于2014~2019年对武陵山区动植物开展连续5年的全面生物多样性野外考察，并对该区域生物多样性资源现状进行评估。通过对武陵山区生物多样性的综合科学考察，可以获得武陵山区全面本底的基础数据和大量动植物标本；通过评估当地生物资源的现状和特点，可以为该地区生物多样性的保护提供科学依据。该项目的实施将建立人与自然的和谐关系，为华南及西南地区生物多样性的保护、生态环境的改善、自然保护区的综合评价及科学管理、优势生物资源的可持续性开发利用和经济稳步建设、旅游业发展等提供重要依据，并对实现国家"十二五"规划中"高效、生态、安全"的现代生物资源产业发展目标具有十分重要的意义。

目　录

（下册止）

1

七姊妹山国家级自然保护区

1.1 自然环境

1.1.1 地理位置

七姊妹山国家级自然保护区位于湖北省恩施土家族苗族自治州宣恩县东部（图1-1），地处武陵山余脉，地理位置为东经109° 38'30"～109° 47'00"，北纬29° 39'30"～30° 05'15"。湖北七姊妹山自然保护始建于1990年，2002年批准建立省级自然保护区，2008年晋升为国家级自然保护区。保护区位于洞庭湖水系湖南沅江第一大支流酉水的发源地与长江中游重要支流清江的分水岭，北与恩施市河溪村交界，东北属宣恩县椿木营乡管辖，东与鹤峰县太平镇接壤，南与湖南八大公山国家级自然保护区核心区毗连，西与宣恩县长潭乡和沙道沟镇相连。七姊妹山国家级自然保护区总面积为34550 hm²（图1-2），其中核心区面积11560 hm²，占保护区总面积的33.46%；缓冲区面积11700 hm²，占保护区总面积的33.86%，实验区面积11290 hm²，占保护区总面积的32.68%。本保护区主要保护以大面积原始珙桐群落为主的珍稀植物和以大型猫科动物为主的珍稀动物及其栖息环境的森林生态系统，和以保存最好的970 hm²亚高山泥炭藓沼泽湿地为主的湿地生态系统，属森林生态系统类型自然保护区。

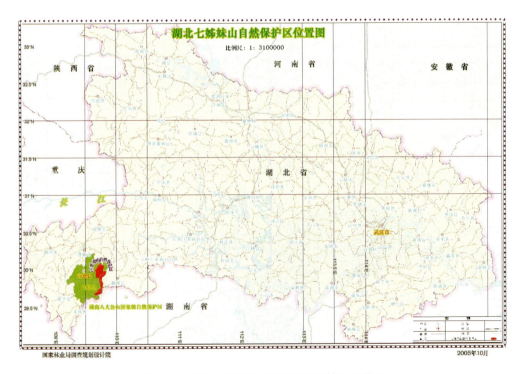

图1-1 湖北七姊妹山国家级自然保护区位置图

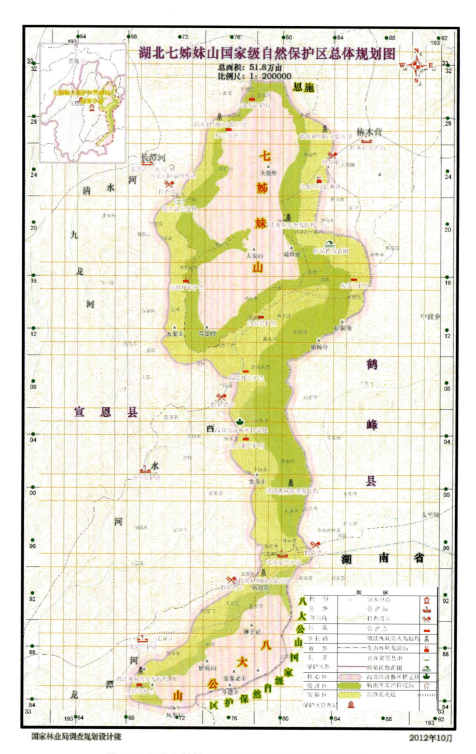

图1-2　湖北七姊妹山国家级自然保护区总体规划图

该保护区管理机构为湖北七姊妹山国家级自然保护区管理局，属纳入地方财政拨款的正处级公益性事业管理单位，下设椿木营、长潭河、沙坪、雪落寨龙潭5个管理站和木营、棕溪、野溪沟等8个保护点。

1.1.2 地质地貌

在漫长的地质演化过程中，由于地壳的多次变动，宣恩县境内形成许多复杂的地质构造现象和丰厚的沉积岩石。其中，以北东、北北东向的褶皱、断裂最为发育，其中全县的褶皱带从西北朝东南共5个向斜和7个背斜组成，主要断裂有桐子营、晓关断裂、沙坪的小溪沟断裂、晓关铁锁桥断裂等。县境内出露的地层以寒武系（E）——三叠系（T）出露最广，其中，从板辽、高罗、麻阳寨、马家寨、板栗园、李家河一带为寒武系——志留系地层为主；东南部椿木营、长潭、白水、官庄、沙道沟、狮子关、珠山镇及西北部的倒洞塘、晓关为中生代二叠、三叠系地层。东门关以北、茅坝塘西南为第四系沉积物。七姊妹山自然保护区内有沙坪的小溪沟断裂，出露的地层以志留系和二叠系为主。

七姊妹山自然保护区由七姊妹山、秦家大山和八大公山3个大的山脊构成，主要山峰有七姊妹山保护区最高峰火烧堡（2014.5 m）、马鬃岭（1706.5 m）、五架山（1629.1 m）、大尖山（1845.4 m）、城墙崖（1851.6 m）、大关山（1443.6 m）、大风桠（1767.2 m）、狮子岩（1434.5 m）、矿洞堡（1880.0 m）、柏杨台（1659 m）、圆头界（1918 m）、鸡冠岩（1463 m）。所有山脊绕贡水支流和酉水源头形成一个彼此相连的山系。

七姊妹山保护区各海拔梯度面积比例图如图1-3所示，保护区总面积中，海拔1800~2000 m的面积为691 hm²，占保护区总面积的2%，1600~1800 m的面积为5528 hm²，占16%，1400~1600 m的面积为8292 hm²，占24%，1200~1400 m的面积为10019.5 hm²，占29%，1000~1200 m的面积为6219 hm²，占18%，800~1000 m的面积为3455 hm²，占10%，600~800 m的面积为345.5 hm²，占1%。即保护区1000 m以下的面积仅为3800.5 hm²，占保护区总面积的11%，其余均为1000~2000 m。

总之，保护区属典型的中山地貌。总的趋势为东北、东南高、西南低。

七姊妹山自然保护区的地形遥感信息图如图1-4所示。

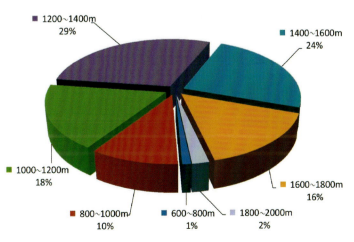

图1-3　七姊妹山保护区各海拔梯度面积比例图

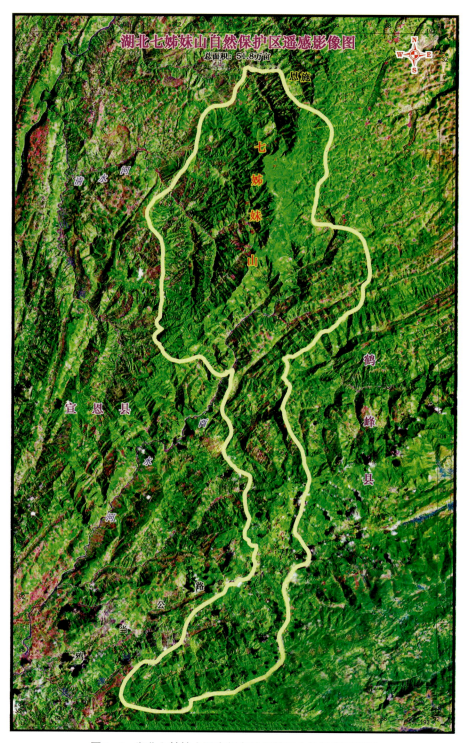

图1-4　湖北七姊妹山国家级自然保护区山体地貌卫星图

1.1.3　水文

保护区内河网密布，纵横交错，有大小河溪30条，总长度144.4 km，河长在10 km以上的有4条。以中部的鸡公界、龙崩山为分水岭，形成全保护区相对独立的南北两大水系：北部贡水水系流归清江后入长江；南部酉水水系流进湖南省沅江，汇入洞庭湖。

七姊妹山保护区海拔1650～1950 m范围内呈斑块状分布着亚高山泥炭藓沼泽湿地970 hm²，这片湿地对维持洞庭湖水系沅江支流酉水源头的水源稳定，起着关键性的作用。

1.1.4　气候

七姊妹山自然保护区地处中亚热带气候区，位于北纬30°范围内，属中亚热带季风湿润型气候。随着海拔高程的变化，其气候呈明显的垂直差异。海拔800 m以下的低山带，四季分明，冬暖夏热、雨热同步，光温互补，年均气温15.8 ℃，无霜期294 d，年降水量1491.3 mm，年日照时数1136.2 h；海拔800～1200 m的二高山地带，春迟秋早，湿润多雨，光温不足，年均气温13.7 ℃，无霜期263 d，年降水量1635.3 mm，年日照时数1212.4 h；海拔1200 m以上的高山地带，气候冷凉，冬长夏短，易涝少旱，年均气温8.9 ℃，无霜期203 d，年降水量1876 mm，年日照时数1519.9 h。

1.2　生物多样性

1.2.1　植物多样性

七姊妹山国家级自然保护区植被茂盛，物种丰富，珍稀濒危动植物和国家级重点保护物种繁多，是不可多得的亚热带自然生物宝库，集中分布了许多古老和原始的种属，也包含了大量在系统演化中孤立的、原始的种属和子遗植物。据前期调查资料及文献资料显示，七姊妹山自然保护区共有维管束植物183科752属2027种，其中，蕨类植物计有24科47属119种；种子植物计有159科，705属，1908种。种子植物中又包括：裸子植物8科16属20种；被子植物151科689属1888种。其种子植物科属种数量约占湖北省种子植物总科数的79.50%，总属数的52.03%，总种数的33.77%；约占全国种子植物总科数的52.82%，总属数的23.71%，总种数的7.56%。其种子植物的丰富度可与周边的神农架及后河国家级自然保护区相媲美。

1.2.2　动物多样性

七姊妹山自然保护区具有较好的地理、植被条件，野生动物资源相当丰富。保护区内现有鱼类2目、4科、24种；两栖类2目、8科、26种；爬行类3目、10科、37种；鸟类15目、40科、225种；兽类8目、24科、67种。总计有陆生脊椎动物28目82科355种，分别占湖北省陆生脊椎动物目、科、种的87.50%、76.64%、50.79%。

目前，保护区记录到兽类67种，隶属8目24科，其中国家重点保护动物17种，国家一级重点保护动物4种，即云豹、金钱豹、华南虎、林麝；记录到225种鸟类，隶属15目40科，其中国家重点保护野生动物37种，国家一级重点保护动物1种，即金雕；两栖类有2目8科26种；爬行动物共有3目10科37种；鱼类2目4科24种；昆虫1312种，隶属22目177科。

1.3　植物区系

1.3.1　区系特征

中国种子植物的15个分布区类型中，在七姊妹山自然保护区均有分布，说明该地区植物区系的地理成分是复杂的。七姊妹山全貌及主要植被类型见图1-5至图1-9，从七姊妹山区系各分布区类型所占比例来看，除去世界分布的63个属，剩下的642个属，属于2～7项热带或以热带为中心分布地理成分的有257属，占总数的36.5%，属于8～15项温带性质的有385属，占总数的54.6%，说明温带性质明显，但热带成分也很丰富。另外北温带分布的属数最多，泛热带分布的属数占第二位，表明从热带到温带的过渡属性是七姊妹山自然保护区植物区系的基本特点。

图1-5　七姊妹山主体山峰

图 1-6　七姊妹山大峡谷

图 1-7　椿木营

图1-8　常绿落叶阔叶混交林

图1-9　落叶阔叶林

区系特征主要表现在以下方面：

（1）植物种类丰富，区系组成多元化

本区有种子植物159科，705属，1908种，为湖北省植物区系最丰富的地区之一，中国种子植物属的15个分布区类型本区都有它们的代表，分布型非常齐全，可见本区植物区系地理成分的复杂性。

保护区种子植物159科根据所含种数的多少，可以分为五个不同等级，即单种科、寡种科、中等科、较大科和大科。含1种为单种科，共29科，其中有不少古老、孑遗植物，为本自然保护区区系原始和古老性的重要标志。如水青树科（Tetracentraceae）、领春木科（Eupteleaceae）、连香树科（Cercidiphyllaceae）、大血藤科（Sargentodoxaceae）、胡椒科（Piperaceae）、粟米草科（Mollugoceae）、川续断科（Dipsacaceae）、列当科（Orobanchaceae）、紫葳科（Bignoniaceae）等。含2～10种为单寡科，共71科，如红豆杉科（Taxaceae）、木兰科（Magoliaceae）、睡莲科（Nymphaeaceae）、防己科（Menispermaceae）、远志科（Polygalaceae）、紫堇科（Fumariaceae）、马齿苋科（Portulacaceae）、牻牛儿苗科（Geraniaceae）、爵床科（Acanthaceae）等。含11～20种为中等科，共30科，如十字花科（Cruciferae）、堇菜科（Violaceae）、景天科（Crassulaceae）、虎耳草科（Saxifragaceae）、柳叶菜科（Onagraceae）、海桐科（Pittosporaceae）、石竹科（Caryophyllaceae）、苋科（Amaranthaceae）、苦苣苔科（Gesneriaceae）等。含21～49种为较大科，共24科，如葫芦科（Cucurbitaceae）、山茶科（Theaceae）、大戟科（Euphorbiaceae）、绣球科（Hydrangeaceae）、壳斗科（Fagaceae）、荨麻科（Urticaceae）等。含50种以上为大科，共5科，为樟科（Lauraceae）、毛茛科（Ranunculaceae）、蔷薇科（Rosaceae）、蝶形花科（Papilionaceae）和菊科（Compositae）。

从属的分布型看，单种属（含1种）367个，占保护区种子植物区系总属数的52.1%，包括罗汉松属（Podocarpus）、领春木属（Euptelea）、黄麻属（Corchorus）、大血藤属（Sargentodoxa）、两型豆属（Amphicarpaea）、杜仲属（Eucommia）、明党参属（Changium）、防风属（Saposhnikovia）、杉木属（Cuninghamia）、水杉属（Metasequoia）、水青树属（Tetracentron）、连香树属（Cercidiphyllum）、钟萼木属（Bretschneidera）、金钱槭属（Dipteronia）、野鸦椿属（Euscaphis）等；寡种属（2～10种）310个，占总属数的44.0%，包括松属（Pinus）、三尖杉属（Cephalotaxus）、木兰属（Magnolia）、水青冈属（Fagus）、五味子属（Schisandra）、小檗属（Berberis）、马兜铃属（Aristolochia）、榛属（Corylus）、旌节花属（Stachyurus）、椴树属（Tilia）、八角属（Illicium）、香椿属（Toona）、珙桐属（Davidia）、梁王茶属（Nothopanax）、鞘柄木属（Torricellia）、吊钟花属（Enkianthus）等；中等属（含11～20种）25个，占总属数的3.5%，如山胡椒属（Lindera）、木姜子属（Litsea）和铁

线莲属（*Clematis*）等；较大属（含21~49种）3个，它们是蓼属（*Polygonum*）、悬钩子属（*Rubus*）、槭属（*Acer*），占总属数的0.4%；大属（含50种以上）没有出现。充分论证了本区植物区系的多样性，也说明保护区种子植物属以单种属、寡种属为主。

（2）特有和珍稀濒危植物丰富

保护区地处中国三大特有现象中心之一的"川东–鄂西特有现象中心"的核心地带，生物多样性极为丰富，特有种及国家重点保护物种繁多，是我国最有战略意义的生物资源基因库之一。保护区共有中国特有植物32属，另据文献记载保护区有特有植物2种，宣恩牛奶菜（*Marsdenia xuanenensis*）和宣恩盆距兰（*Gastrochilus xuanensis*）。同时，调查还发现湖北省新分布植物2种，即虎耳草科双喙虎耳草（*Saxifraga davidii*）及蕨类植物水龙骨科戟叶盾蕨（*Neolepisorus dengii f. hastatus*）。

根据国家林业局1999年颁布的《国家重点保护野生植物名录》（第一批），分布于保护区的重点保护野生植物有28种，其中Ⅰ级保护植物7种，Ⅱ级保护植物21种；被《中国植物红皮书（第一册）》收录的有29种。另外保护区还有18种国家珍贵树种，占湖北省总数28种的64.28%。其中一级珍贵树种有南方红豆杉、钟萼木、珙桐、光叶珙桐、香果树5种；二级珍贵树种有黄杉、篦子三尖杉、鹅掌楸、厚朴、水青树、连香树、楠木、椴树、红豆树、杜仲、榉树、刺楸等13种。

（3）区系的交汇性或过渡性显著

七姊妹山自然保护区在中国植物区系分区上，属于泛北极植物区，中国—日本森林植物亚区，华中地区的北缘，正处于华中植物区系、西南植物区系和华东植物区系的交汇处。

从属的分布型统计看，属于世界广布型的有63属，占保护区总属数8.9%；属于热带分布型的有257属，占保护区总属数的36.5%；而属于温带分布型的有385属，占保护区总属数的54.6%。可见，本区植物区系偏重于温带性质，具亚热带向温带过渡的特点，是亚热带和温带地区植物区系重要的交汇地区。

（4）起源古老，古老科属和孑遗属种多

保护区植物区系起源的古老特性，表现在古老科属和孑遗属种的数量上。七姊妹山自然保护区由于未受第四纪大陆冰川袭击，植物系统发育延续历史悠久，复杂多样的地形地貌以及优越的自然条件使得不少古老物种在此得以保存，成为我国第三纪植物区系重要的保存地之一。其中，古老、孑遗植物如珙桐，是起源于恐龙时代的"活化石"植物，还有三尖杉、巴山榧树、红豆杉、杜仲、水青树、领春木等。

在七姊妹山自然保护区的被子植物中，许多原始的类型如离生心皮类或柔荑花序类均有不少。例如离生心皮类的有：木兰科（Magnoliaceae）、八角科（Illiciaceae）、五味子科（Schisandraceae）、毛茛科（Ranunculaceae）、小檗科（Berberidaceae）、木通科（Lardizabalaceae）、大血藤科（Sargentodoxaceae）。柔荑花序类有胡椒科（Piperaceae）、金粟兰科（Chloranthaceae）、杨柳科（Salicaceae）、桦木科（Betulaceae）、榛科（Carpinaceae）、壳斗科（Fagaceae）、榆科（Ulmaceae）、胡桃科（Juglandaceae）。除此之外，还有白垩纪时期就有记录的樟科（Lauraceae）、卫矛科（Celastraceae）、鼠李科（Rhamnaceae）、槭树科（Aceraceae）以及许多在第三纪已有的远志科（Polygalaceae）、大风子科（Flacourtiaceae）、山茶科（Theaceae）、胡颓子科（Elaeagnaceae）、清风藤科（Sabiaceae）、八角枫科（Alangiaceae）、野茉莉科（Styraceae）、山矾科（Symplocaceae）等。另外，还有像领春木科、水青树科等在系统位置上处于孤立地位的单种科，均是十分古老的类群。

1.3.2 自然植被

根据《中国植被》的分类原则将本区自然植被划分为5个植被型组，9个植被型，28个群系。主要植被类型如下：

针叶林

Ⅰ.温性针叶林

（1）日本落叶松林（Form. *Larix kaempferi*）

Ⅱ.暖性针叶林

（2）杉木林（Form. *Cunninghamia lanceolata*）

（3）马尾松林（Form. *Pinus massoniana*）

（4）南方红豆杉林（Form. *Taxus chinensis*）

阔叶林

Ⅲ.常绿阔叶林

（5）交让木林（Form. *Daphniphyllum macropodum*）

（6）钩栲林（Form. *Castanopsis tibetana*）

（7）小叶青冈林（Form. *Cyclobalanopsis gracilis*）

（8）光叶山矾林（*Symplocos lancifolia*）

Ⅳ.常绿落叶阔叶混交林

（9）珙桐-多脉青冈林（Form. *Davidia involucrate- Cyclobalanopsis multinervis*）

（10）宝兴杜鹃-小叶青冈林（Form. *Rhododendron moupinense-Cyclobalanopsis gracilis*）

Ⅴ.落叶阔叶林

（11）珙桐林（Form. *Davidia involucrata*）

(12) 天师栗林 (Form. *Aesculus wilsonii*)

(13) 白辛树林 (Form. *Pterostyrax psilophylla*)

(14) 鹅掌楸林 (Form. *Liriodendron chinense*)

(15) 亮叶水青冈林 (Form. *Fagus lucida*)

(16) 长柄水青冈林 (Form. *Fagus longipetiolata*)

(17) 枫香林 (Form. *Liquidambar formosana*)

(18) 大叶杨林 (Form. *Populus lasiocarpa*)

(19) 茅栗林 (Form. *Castanea seguinii*)

灌丛和灌草丛 (*Vegetation type group*)

Ⅵ.灌丛

(20) 粉白杜鹃灌丛 (Form. *Rhododendron hypoglaucum*)

(21) 乌冈栎灌丛 (Form. *Quercus phillyraeoides*)

(22) 大理柳灌丛 (Form. *Salix daliensis*)

(23) 四川杜鹃灌丛 (Form. *Rhododendron sutchuenense*)

Ⅶ.灌草丛

(24) 齿萼凤仙花灌草丛 (Form. *Impatiens dicentra*)

(25) 大落新妇灌草丛 (Form. *Astilbe grandis*)

竹林

Ⅷ.温性竹林

(26) 华西箭竹林 (Form. *Sinarundinaria nitida*)

(27) 箬竹林 (Form. *Indocalamus tessellatus*)

沼泽植被

Ⅸ.苔藓沼泽

(28) 泥炭藓沼泽 (Form. *Sphagnum palustre ssp. palustre*)

1.4 旅游资源

七姊妹山自然保护区地处武陵山余脉，区内拥有丰富而寓意深远的地貌景观、优美的森林景观、华中地区罕见的泥炭藓沼泽湿地、神秘的地质奇观、深厚的文化底蕴和多彩的少数民族风情，野生动植物物种和国家重点保护的野生动植物多，森林旅游资源较为丰富，是开展森林生态旅游的理想场所。

保护区内整个山系群峰荟萃，沟壑交错，七姊妹山、秦家大山和八大公山既彼此分离，又相互衔接，构成了一个完备的森林生态系统。保护区形如一条翘首欲飞的巨龙，龙头为七姊妹山，大小山峰如龙角垂立，龙身为秦家大山，龙尾为八大公山，八大公山中央的斗蓬山如龙尾凌空，与七姊妹山的龙头遥相呼应。

七姊妹山自然保护区属中亚热带湿润常绿阔叶林北部边缘地区，因环境复杂，气候条件优良，保存有较大面积的自然植被，植被物种组成丰富，结构复杂，特征典型，垂直带谱明显，蕴藏有很多的森林景观资源。七姊妹山地区由于地表长期被侵蚀、风化，以及广布的碳酸盐岩石，使区内喀斯特地貌发育，山体突兀、奇特，山峰巍峨，峡谷幽深，并间有溶峰、溶柱、溶芽以及漏斗、竖井、地下洞穴等岩溶景观，以及一些小的盆地、岗地、小型盆地、平坝等，地貌类型丰富多彩。保护区内河网密布，纵横交错，是几大支流的发源地。保护区以中部的鸡公界、龙崩山为分水岭，形成全保护区相对独立的南北两大水系：北部贡水水系和南部酉水水系。其中酉水流域的源头白水河以水质清凉、飞瀑数十处组成的水域景观为主要特色，给人一种心情舒爽的感觉。保护区所在的宣恩县是土家族、苗族、侗族等少数民族的群居地，也是巴蜀文化和风俗的发源地，具有浓烈的少数民族风土人情和人文景观情愫。至今仍保持原汁原味苗家风情的苗寨，还有具备浓厚土家风情的土家吊脚楼群。

保护区除了拥有丰富的旅游资源外，区位优势也相当明显，正处于三峡与张家界黄金旅游线的中间地带。保护区所在的宣恩县地处湘、鄂、渝交界处，有209国道贯穿南北，且距恩施州府仅45 km，距恩施机场仅52 km。沪蓉高速公路距保护区仅50 km；沪蓉高速公路与长渝高速公路连接线陕西安康至张家界铁路经过保护区边缘；上海至成都沿江铁路距保护区仅60 km。

总之，七姊妹山自然保护区凭借独特的区位优势、区内与周边地区丰富的旅游资源、多彩的民族风情，依托西部大开发的良好外部环境，生态旅游有着巨大的发展潜力。

1.5 科考历史

湖北七姊妹山自然保护区始建于1990年，隶属于宣恩县林业局管理，下设七姊妹山自然保护区管理站，当时面积仅为1700余 hm²，建立初衷是为了保护近万亩的天然珙桐林。七姊妹山第一次科学考察源于1988年，当时华中师范大学生物系教授班继德、中科院武汉植物园研究员王映民和中科院昆明动物研究所的动物学专家杨岚与宣恩县林业局技术人员组成考察队，对七姊妹山动植物资源进行了综合考察，发现世界罕见的珙桐群落3499亩（亩≈666.67 m²），引起了人们的广泛关注。1991年，中国科学院武汉植物研究所研究员王映民、赵子恩发表了来源于七姊妹山的一个植物新种，并正式命名为"宣恩牛奶菜"。2001年7月科院武汉植物研究所江明喜、黄汉东，华中师范大学生科院吴法清、何定富、戴忠新等与宣恩县林业局组成联合科学考察组对七姊妹山、秦家大山、八大公山进行大型动植物科学考察活动，为期近一个月，基本摸清了保护区内动植物资源的分布情况，为申报省级自然保护区奠定了良好的基础；2005年6月，由华中师范大学刘胜祥、湖北大学汪正祥教授带队组织考察人员，对七姊妹山自然保护区进行了为期60天的新一轮教学考察，发现了保护区分布有974 hm²亚高山泥炭藓沼泽湿地和丰富的生物多样性资源，进一步丰富了保护区内的物种资源。中南民族大学自2015年开始，连续两年对保护区内植物资源进行了补充调查（图1-10），重点对珍稀植物资源进行了系统调查，进一步摸清了保护区内植物资源现状。

　　自保护区成立以来，先后有华中师范大学、中科院武汉植物园、中科院昆明动物研究所、国际生物防治学会、日本东北大学、湖北大学、湖北民族学院、中南民族大学、中科院动物所、北京林业大学、黄冈师范学院等二十多家单位近两百人对七姊妹山进行过野外科学考察。

图1-10　中南民族大学七姊妹山野外科考

2

双子叶植物——离瓣花类（续）

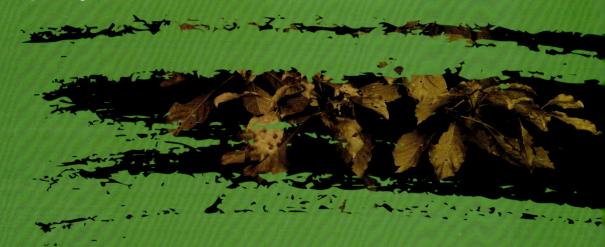

葡萄科 (Vitaceae) 地锦属 (*Parthenocissus*)

三叶地锦 *Parthenocissus semicordata* (Wall.) Planch.

落叶木质藤本，卷须总状4~6分枝，后遇附着物扩大成吸盘。3小叶，中央小叶倒卵椭圆形，长6~13cm，宽3~6.5cm，边缘中部以上每侧有6~11个锯齿，侧生小叶长5~10cm，宽2~5cm，基部不对称。多歧聚伞花序着生在短枝上，花序基部分枝，主轴不明显；花两性5，花瓣短圆形；花盘不明显；雄蕊和花瓣对生。果球形，熟时变黑褐色。

花期5~7月，果期9~10月。

分布于保护区内长潭河等地，海拔500~1500m的山坡林中或灌丛中。

全草入药，祛风除湿、活络、散瘀。

葡萄科（Vitaceae）　　　　　　　　　　　　　　　　　葡萄属（*Vitis*）

刺葡萄　*Vitis davidii* (Roman. du Caill.) Foex.

落叶木质藤本；幼枝生直立皮刺，卷须分枝。叶宽卵形至卵圆形，长5~15cm，宽6.5~14cm，顶端短渐尖，基部心形，边缘有具深波状的牙齿，叶柄长6~13cm，通常疏生小皮刺。圆锥花序与叶对生，花小，花萼不明显；花瓣5，上部互相合生，早落；雄蕊5。浆果球形，熟时蓝紫色。

花期4~6月，果期7~10月。

分布于保护区内长潭河、椿木营等地，海拔600~1800m的山坡、沟谷林中。

果生食或酿酒；种子可榨油；根药用，治筋骨伤痛。

葡萄科（Vitaceae）   蛇葡萄属（*Ampelopsis*）

三裂蛇葡萄 *Ampelopsis delavayana* Planch. ex Franch.

　　木质攀援藤本；小枝常带红色。叶多数，3全裂，中间小叶长椭圆形至宽卵形，渐尖，侧生小叶极偏斜，叶柄与叶片等长。聚伞花序与叶对生，花淡绿色，花萼边缘稍分裂，花瓣5，镊合状排列；雄蕊5。果球形或扁球形，蓝紫色。

　　花期6~8月，果期9~11月。

　　分布于保护区内长潭河等地，海拔1000~2000m的山谷林中或山坡灌丛。

　　根皮入药，消肿止痛、舒筋活血、止血

葡萄科（Vitaceae）　　　　　　　　　　　　蛇葡萄属（*Ampelopsis*）

异叶蛇葡萄　*Ampelopsis glandulosa* var. *heterophylla* (Thunb.) Momiy.

木质藤本。卷须2~3叉分枝。单叶，心形或卵形，3~5中裂，常混生有不分裂者，长3.5~14cm，宽3~11cm，顶端急尖，基部心形，边缘有急尖锯齿，叶柄长1~7cm，被疏柔毛；花序梗长1~2.5cm，被疏柔毛，花瓣5，椭圆形，雄蕊5，花盘明显，边缘浅裂。果实近球形，种子2~4颗。

花期4~6月，果期7~10月。

分布于保护区内沙道沟等地，海拔500~1200m的山谷林中。

葡萄科（Vitaceae）　　　　　　　　　　　蛇葡萄属（*Ampelopsis*）

羽叶蛇葡萄　*Ampelopsis chaffanjoni* (H.Lév.) Rehder

　　木质藤本。卷须2叉分枝。一回羽状复叶，小叶2~3对，小叶片多长椭圆形，长7~15cm，宽3~7cm，两面均无毛；侧脉5~7对，叶柄长2~4.5cm。伞房状多歧聚伞花序，顶生或与叶对生；花序梗长3~5cm，无毛。果实近球形，直径0.8~1cm，种子2~3颗。

　　花期5~7月，果期7~9月。

　　分布于保护区内椿木营等地，海拔1000~2000m的山坡疏林或沟谷灌丛。

葡萄科 (Vitaceae)   乌蔹莓属 (*Cayratia*)

白毛乌蔹莓 *Cayratia albifolia* C. L. Li

草质藤本。叶为鸟足状5小叶，小叶长椭圆形，长5~17cm，宽2~9cm，顶端急尖或渐尖，基部楔形或近圆形，边缘每侧有20~28个锯齿，下面灰白色，密被灰色短柔毛，脉上毛较密而平展，叶柄长5~12cm。花序腋生，伞房状多歧聚伞花序；花序梗被灰色疏柔毛；花梗被短柔毛；花瓣4，卵圆形或卵椭圆形；雄蕊4。果实球形，直径1~1.2cm。

花期5~6月，果期7~8月。

分布于保护区内长潭河等地，海拔600~2000m的山谷林中或山坡岩石。

葡萄科 (Vitaceae)　　　　　　　　　　　　　　　　乌蔹莓属 (*Cayratia*)

华中乌蔹莓　*Cayratia oligocarpa* (H. Lév. et Vaniot) Gagnep.

　　草质藤本。卷须2叉分枝,相隔2节间断与叶对生。叶为鸟足状5小叶,中央小叶多长椭圆披针形,长4.5~10cm,宽2.5~5cm,基部楔形,边缘有7~14个锯齿,上面绿色,下面浅绿褐色,密被节状毛,叶柄长2.5~7cm。花序腋生,复二歧聚伞花序;花序梗及花梗密被褐色节状长柔毛;花瓣4,卵圆形。果近球形。

　　花期5~7月,果期8~9月。

　　分布于保护区内沙道沟、长潭河等地,海拔600~1800m的山谷或坡林中。

葡萄科（Vitaceae）   乌蔹莓属（*Cayratia*）

尖叶乌蔹莓 *Cayratia japonica* var. *pseudotrifolia* (W. T. Wang) C. L. Li

　　草质藤本。卷须2~3叉分枝，相隔2节间断与叶对生。叶为鸟足状3小叶，中央小叶多长椭圆形，长2.5~4.5cm，宽1.5~4.5cm，边缘每侧有6~15个锯齿，上面绿色，无毛，下面浅绿色，小叶柄长0.5~2.5cm，侧生小叶无柄或有短柄。花序腋生，复二歧聚伞花序，花瓣4，三角状卵圆形。果近球形。

　　花期5~8月，果期9~10月。

　　分布于保护区内沙道沟等地，海拔300~1500m的山地、沟谷林下。

葡萄科 (Vitaceae)　　　　　　　　　　　乌蔹莓属 (*Cayratia*)

乌蔹莓　*Cayratia japonica* (Thunb.) Gagnep.

草质藤本。卷须2~3叉分枝，相隔2节间断与叶对生。叶为鸟足状5小叶，上面绿色，无毛，下面浅绿色，无毛或微被毛，叶柄长1.5~10cm。花序腋生，复二歧聚伞花序，花序梗长1~13cm，无毛或微被毛；花梗长1~2mm，几无毛。果实近球形，直径约1cm，熟时黑色。

花期3~8月，果期8~11月。

保护区内常见种，生于海拔500~2000m的山谷林中或山坡灌丛。

全草入药，凉血解毒、利尿消肿。

葡萄科（Vitaceae）　　　　　　　　　　　　　　　崖爬藤属（*Tetrastigma*）

无毛崖爬藤 *Tetrastigma obtectum* var. *glabrum* (Lévl. et Vant.) Gagnep.

　　草质藤本。卷须4~7呈伞状集生，相隔2节间断与叶对生。叶为掌状5小叶，小叶菱状椭圆形，两面均无毛，叶柄长1~4cm，小叶柄极短或几无柄，无毛，多数花集生成单伞形；花序梗无毛，花蕾椭圆形或卵椭圆形，花瓣4，长椭圆形，雄蕊4，花盘明显。果实球形，种子1颗。

　　花期3~5月，果期7~11月。

　　分布于保护区内椿木营、长潭河等地，海拔1000~2000m的沟谷林下或崖石上。

椴树科 (Tiliaceae)　　　　　　　　　　　　　　　　扁担杆属 (*Grewia*)

扁担杆　*Grewia biloba* G. Don

　　灌木或小乔木，高1~4m。嫩枝被粗毛。叶薄革质，椭圆形或倒卵状椭圆形，长4~9cm，宽2.5~4cm，两面有稀疏星状粗毛，基出脉3条，边缘有细锯齿；叶柄长4~8mm，被粗毛；托叶钻形。聚伞花序腋生，多花，花柄长3~6mm；苞片钻形；萼片狭长圆形，外面被毛；花瓣长1~1.5mm；雌蕊、雄蕊、子房均有毛。核果红色，分核2~4颗。

　　花期5~7月。

　　分布于保护区内沙道沟等地。

锦葵科（Malvaceae） 木槿属（*Hibiscus*）

木芙蓉 *Hibiscus mutabilis* Linn.

落叶灌木或小乔木，高2~5m；茎具星状毛及短柔毛。叶卵圆状心形，直径约10~15cm，常5~7裂，裂片三角形，边缘钝齿，两面均具星状毛，叶柄长5~20cm。花单生枝端叶腋，花梗长5~8cm，小苞片8，条形，萼钟形，花冠白色或淡红色，后变深红色。蒴果扁球形，被黄色刚毛及绵毛。

花期8~10月。

分布于保护区内椿木营等地，多栽培供观赏。

花、叶及根皮入药，清热凉血、消肿解毒，可治疮毒脓肿等症。

山茶科 (Theaceae)　　　　　　　　　　　　厚皮香属 (*Ternstroemia*)

尖萼厚皮香　*Ternstroemia luteoflora* L. K. Ling

　　乔木，高3~5m。叶互生，叶柄长1~1.5cm，叶片厚革质，椭圆形或椭圆状倒披针形，长6~9.5cm，宽1.4~3.7cm，先端尖，基部楔形，全缘，两面无毛。花白色，花梗长2~3cm，花瓣5，近圆形，雄蕊多数。果近球形，光滑。

　　分布于保护区内椿木营、长潭河等地，海拔800~1600m的山坡疏林中。

　　叶或根入药，用于疮毒肿痛、跌打伤肿、泄泻。

山茶科 (Theaceae)　　　　　　　　　　　　　　　　　　柃木属 (*Eurya*)

翅柃 *Eurya alata* Kobuski

　　灌木，高1~3m，全株无毛，嫩枝具显著4棱。叶革质，长圆形或椭圆形，长4~7.5cm，宽1.5~2.5cm，顶端窄缩呈短尖，尖头钝，基部楔形，边缘密生细锯齿，上面深绿色，下面黄绿色，叶柄长约4mm。花1~3朵簇生于叶腋。花瓣5，白色，倒卵状长圆形。果实圆球形。

　　花期10~11月，果期次年6~8月。

　　分布于保护区内长潭河等地，海拔600~1600m的山地沟谷、溪边密林中或林下路旁阴湿处。

山茶科 (Theaceae)　　　　　　　　　　　　　　　　枓木属 (*Eurya*)

格药枓　*Eurya muricata* Dunn

　　灌木或小乔木，高2~6m，全株无毛，树皮黑褐色或灰褐色。叶革质，多椭圆形，长5.5~11.5cm，宽2~4.3cm，顶端渐尖，基部楔形，边缘有细钝锯齿，两面均无毛，叶柄长4~5mm。花1~5朵簇生叶腋，花瓣5，白色，长圆形。果实圆球形，熟时紫黑色。

　　花期9~11月，果期次年6~8月。

　　分布于保护区内长潭河等地，海拔1300m以下的山坡林中或林缘灌丛中。

山茶科 （Theaceae）　　　　　　　　　　　　　　　　杨桐属 （*Adinandra*）

杨桐　*Adinandra millett* (Hook. et Arn.) Benth. et Hook. f. ex Hance

　　灌木或小乔木，高2~10m，树皮灰褐色。叶互生，革质，长圆状椭圆形，长4.5~9cm，宽2~3cm，基部楔形，边全缘，上面无毛，侧脉10~12对；叶柄长3~5mm。花单生叶生，花梗纤细，小苞片2，早落，线状披针形；萼片5；花瓣5，白色。果圆球形，疏被短柔毛，熟时黑色。

　　花期5~7月，果期8~10月。

　　分布于保护区内长潭河等地，常见于海拔1300m以下灌丛中或山地阳坡林中。

山茶科 (Theaceae)   紫茎属 (Stewartia)

紫茎 *Stewartia sinensis* Rehd. et E. H. Wilson

　　小乔木，树皮灰黄色。叶纸质，椭圆形或卵状椭圆形，长6~10cm，宽2~4cm，先端渐尖，基部楔形，边缘有粗齿，叶柄长1cm。花单生，花柄长4~8mm，花瓣阔卵形，基部连生，雄蕊有短的花丝管，被毛。蒴果卵圆形。

　　花期6月。

　　分布于保护区内长潭河、椿木营等地，海拔900~1500m的山地杂木林中。

金丝桃科（Hypericaceae）　　　　　　　　　　　金丝桃属（*Hypericum*）

地耳草　*Hypericum japonicum* Thunb. ex Murray

一年生小草本，披散或直立，高2~45cm。根多须状。茎纤细，具四棱，散布淡色腺点。叶小，对生，卵形，抱茎，长0.2~1.8cm，宽0.1~1cm，具1~2条基生主脉和1~2对侧脉，全面散布透明腺点。花序具1~30花，花直径4~8mm，花瓣白色、淡黄至橙黄色，雄蕊5~30枚，不成束。蒴果圆球形。

花期3~8月，果期6~10月。

分布于保护区内椿木营湿地等，全草入药，清热解毒、止血消肿，治肝炎、跌打损伤及疮毒。

金丝桃科 (Hypericaceae)　　　　　　　　　金丝桃属 (*Hypericum*)

黄海棠　*Hypericum ascyron* Linn.

多年生草本，高达0.5~1.3cm。茎具4纵线棱。叶无柄，叶片多披针形，长2~10cm，宽0.4~3.5cm。花数朵成顶生的聚伞花序，具1~35花；花大、黄色，直径2.5~8cm；萼片5，卵圆形；雄蕊5束；花柱自基部或至上部4/5处分离。蒴果圆锥形，长约2cm。

花期7~8月，果期8~9月。

分布于保护区内椿木营等地。

全草入药，祛风湿、止咳止血。

金丝桃科 (Hypericaceae)　　　　　　　　　　　　　　金丝桃属 (*Hypericum*)

金丝梅　*Hypericum patulum* Thunb. ex Murray

　　灌木，高达1m；小枝红色或暗褐色。叶对生，多披针形，长1.5~6cm，宽0.5~3cm，叶柄极短；主侧脉3对，全缘。花单生枝端，或成聚伞花序，花直径4~5cm；萼片5，卵形；花瓣5，近圆形，金黄色；雄蕊多数，连合成5束。蒴果卵形。

　　花期6~7月，果期8~10月。

　　分布于保护区内长潭河、椿木营等地，海拔600~2000m的山谷林下或灌丛中。

　　根入药，舒筋活血、催乳、利尿。

金丝桃科 (Hypericaceae)　　　　　　　　　　　　金丝桃属 (*Hypericum*)

金丝桃　*Hypericum monogynum* Linn.

灌木，高0.5~1.3m。叶对生，无柄或具短柄，叶片倒披针形或椭圆形至长圆形，长2~11.2cm，宽1~4.1cm，坚纸质，叶片腺体小呈点状。花序具1~15花。花直径3~6.5cm，星状。花瓣金黄色至柠檬黄色，无红晕。雄蕊5束，每束雄蕊25~35枚。蒴果宽卵珠形，种子深红褐色，圆柱形。

花期5~8月，果期8~9月。

保护区内常见种。

根入药，祛风、止咳、下乳、调经补血，可治跌打损伤。

金丝桃科 (Hypericaceae)　　　　　　　　　　　　　　　金丝桃属 (*Hypericum*)

小连翘　*Hypericum erectum* Thunb. ex Murray

　　多年生草本，高30~70cm。叶片长椭圆形至长卵形，长1.5~5cm，宽0.8~1.3cm，基部心形抱茎，边缘全缘，坚纸质，无柄。花序顶生，伞房状聚伞花序，苞片和小苞片与叶同形；花直径1.5cm，花瓣黄色；雄蕊3束，宿存，每束有雄蕊8~10枚，花药具黑色腺点；花柱3，自基部离生。蒴果卵形，种子绿褐色。

　　花期7~8月，果期8~9月。

　　分布于保护区内长潭河、沙道沟等地。

　　全草入药，收敛止血、镇痛。

金丝桃科（Hypericaceae）   金丝桃属（*Hypericum*）

元宝草 *Hypericum sampsonii* Hance

多年生草本，高0.2~0.8m，全株无毛。茎单一或少数，无腺点，上部分枝。叶对生，无柄，其基部完全合生为一体而茎贯穿其中心，长2~8cm，宽0.7~3.5cm，全面散生透明或间有黑色腺点，中脉直贯叶端，侧脉每边约4条。花序顶生，伞房状；花直径6~15mm，花瓣淡黄色；雄蕊3束；花柱3。蒴果卵圆形，3室，具黄褐色腺体。

花期5~6月，果期7~8月。

保护区内常见种。

全草入药，治吐血、尿血、跌打扭伤、痈毒等。

董菜科 (Violaceae)   董菜属 (*Viola*)

紫花地丁 *Viola yedoensis* Makino

　　多年生草本。无地上茎，高4~14cm，叶片下部呈三角状卵形或狭卵形，上部者较长，呈长圆形、狭卵状披针形或长圆状卵形，花中等大，紫色或淡紫色，稀呈白色，喉部色较淡并带有紫色条纹。蒴果长圆形，长5~12mm，种子卵球形，淡黄色。

　　花果期4月中下旬至9月。

　　保护区广布种，多分布于低海拔地带。

董菜科 (Violaceae) 董菜属 (*Viola*)

七星莲 *Viola diffusa* Ging

多年生草本。根状茎垂直或斜生。叶近基生，叶片卵形或狭卵形，长2~6cm，宽1~3cm，先端尾状渐尖或锐尖，基部弯缺狭而深，两侧有明显的垂片，边缘密生浅钝齿，叶柄密被倒生长硬毛。花淡紫色或白色，花瓣长圆状倒卵形，基部较窄。蒴果近球形，长5~10mm。

花期春季。

保护区内常见种，生于海拔800~2000m山地林下、草地或路边。

董菜科 (Violaceae)　　　　　　　　　　　　　　　　董菜属 (*Viola*)

巫山董菜　*Viola henryi* H. de Boiss.

　　多年生草本，高达30~40cm。根状茎斜生或垂直。叶片卵形或卵状披针形，长3.5~8cm，宽2~4cm，基部浅心形或圆形，稍下延，先端长渐尖，边缘具向内弯曲的钝锯齿，叶柄长1~8cm。花淡紫董色，生于顶部叶的叶腋，花瓣长圆状倒卵形，子房卵球形，无毛，花柱棍棒状。

　　花期3~5月。

　　我国特有植物，分布于保护区内椿木营等地，海拔1600m以下山谷密林下阴湿处。

大风子科 (Flacourtiaceae)　　　　　　　　　　　　　**山桐子属** (*Idesia*)

山桐子　*Idesia polycarpa* Maxim.

　　乔木，高10~15m。叶薄革质或厚纸质，宽卵形至卵状心形，顶端锐尖至短渐尖，长13~16cm，宽12~15cm，基部通常心形，边缘有粗齿，齿尖有腺体，上面深绿色，光滑无毛，下面有白粉，沿脉有疏柔毛，常5基出脉，叶柄下部有2~4个紫色、扁平腺体。圆锥花序长12~20cm，花黄绿色。浆果球形，红色。

　　分布于保护区内长潭河等地，海拔800~2000m的落叶阔叶林中。

　　种子榨油可制肥皂或作润滑油，亦可作桐油代用品。

旌节花科（Stachyuraceae） 旌节花属（*Stachyurus*）

中国旌节花 *Stachyurus chinensis* Franch.

落叶灌木，高2~4m。叶于花后发出，纸质至膜质，多长圆状卵形，长5~12cm，宽3~7cm，基部钝圆至近心形，边缘为圆齿状锯齿，侧脉5~6对，上面亮绿色，无毛，下面灰绿色；叶柄长1~2cm，通常暗紫色。穗状花序腋生，先叶开放，花黄色，近无梗，花瓣4枚，卵形，雄蕊8枚。果实圆球形，直径6~7cm。

花期3~4月，果期5~7月。

分布于保护区内长潭河、椿木营等地，海拔600~2000m的山坡谷地林中或林缘。

秋海棠科 (Begoniaceae)　　　　　　　　　　　　　　　秋海棠属 (*Begonia*)

长柄秋海棠　*Begonia smithiana* Yü ex Irmsch.

　　多年生草本，根状茎呈念珠状。叶多基生，轮廓卵形至宽卵形，两侧极不相等，叶柄变异较大，长9~25cm，常带红色。花葶高12~30cm，近无毛，花粉红色，二歧聚伞状。蒴果下垂，倒卵球形，具不等3翅，种子极多数，长圆形，浅褐色。

　　花期8月，果期9月。

　　分布于保护区内长潭河、椿木营等地，海拔700~1300m的水沟阴处岩石上、山谷密林下、湿地灌丛。

秋海棠科 (Begoniaceae)　　　　　　　　　　　　　　　　秋海棠属 (*Begonia*)

掌裂叶秋海棠　*Begonia pedatifida* Lévl.

　　草本。叶自根状茎抽出，具长柄，叶扁圆形至宽卵形，长10~17cm，基部截形至心形，5~6深裂，几达基部。叶柄长12~30cm，密被或疏被褐色卷曲长毛。花葶高7~15cm，疏被或密被长毛，花白色或带粉红，4~8朵，呈二歧聚伞状。蒴果下垂，无毛，倒卵球形，具不等3翅。

　　花期6~7月，果期10月开始。

　　分布于保护区内椿木营等地，海拔1700m以下的林下潮湿处、山坡阴湿处等。

瑞香科 (Thymelaeaceae)　　　　　　　　　　瑞香属 (*Daphne*)

尖瓣瑞香　*Daphne acutiloba* Rehd.

　　常绿灌木, 高0.5~2m。叶互生, 革质, 长圆状披针形, 长4~10cm, 宽1.2~3.6cm, 侧脉7~12对, 叶柄长2~8mm, 无毛。花白色, 芳香, 5~7朵组成顶生头状花序; 苞片卵形或长圆状披针形, 外面密被淡黄色细柔毛; 花梗短, 被淡黄色丝状毛; 花萼筒圆筒状; 雄蕊8。果实肉质, 椭圆形, 熟后红色, 具1颗种子, 种皮暗红色。

　　花期4~5月, 果期7~9月。

　　分布于保护区内长潭河、椿木营等地, 海拔1400~2000m的丛林中。

瑞香科（Thymelaeaceae）　　　　　　　　　　　　　　　　瑞香属（*Daphne*）

芫花　*Daphne genkwa* Sieb. et Zucc.

　　落叶灌木，高0.3~1m。叶对生，纸质，多卵形，长3~4cm，宽1~2cm，先端急尖或短渐尖，基部宽楔形或钝圆形，全缘，叶柄短或几无，具灰色柔毛。花先叶开放，紫色或淡紫蓝色，无香味，常3~6朵簇生于叶腋或侧生。果实肉质，白色，椭圆形。

　　花期3~5月，果期6~7月。

　　分布于保护区内沙道沟、长潭河等地。

　　花蕾药用，可治水肿和祛痰。

胡颓子科（Elaeagnaceae）　　　　　　　　　　胡颓子属（*Elaeagnus*）

披针叶胡颓子　*Elaeagnus lanceolata* Warb.

　　常绿直立或蔓状灌木，高4m，无刺或老枝上具粗而短的刺，全株密被银白色和淡黄褐色鳞片。叶革质，披针形至长椭圆形，长5~14cm，宽1.5~3.6cm。花淡黄白色，下垂，常3~5花簇生叶腋短小枝上成伞形总状花序。果实椭圆形，熟时红黄色。

　　花期8~10月，果期次年4~5月。

　　分布于保护区内长潭河、椿木营等地，海拔600~2000m的山地林中或林缘。

　　果实药用，可止痢疾；根药用，温下焦、祛寒湿；用于小便失禁，外感风寒。

蓝果树科 (Nyssaceae)　　　　　　　　　　　　　　　　　　　珙桐属 (*Davidia*)

珙桐　*Davidia involucrata* Baill.

　　落叶乔木，高15~20m。叶纸质，互生，无托叶，长9~15cm，宽7~12cm，急尖，基部心脏形，边缘具粗锯齿，上面亮绿色，下面密被淡黄色或淡白色丝状粗毛，叶柄长4~5cm。两性花与雄花同株，由多数雄花与1个雌花或两性花成近球形的头状花序，苞片2~3枚，花瓣状，长7~15cm。长卵圆形核果，紫绿色具黄色斑点。

　　花期4月，果期10月。

　　分布于保护区内长潭河、椿木营等地。

　　中国特有孑遗植物，国家一级重点保护野生植物。

蓝果树科 (Nyssaceae)

珙桐属 (*Davidia*)

光叶珙桐 *Davidia involucrata* var. *vilmoriniana* (Dode) Wanger.

落叶乔木,高15~20m。本种与珙桐的区别在于叶背面光滑无毛。

花期4月,果期10月。

分布于保护区内长潭河、椿木营等地,海拔1300~2000m的常绿阔叶落叶混交林中。

中国特有孑遗植物,国家一级重点保护野生植物。

蓝果树科 (Nyssaceae)   喜树属 (*Camptotheca*)

喜树 *Camptotheca acuminata* Decne.

　　落叶高大乔木。树皮灰色，冬芽腋生，有4对卵形鳞片。叶互生，纸质，矩圆状卵形，长12~28cm，宽6~12cm，全缘，几无毛，侧脉11~15对，叶柄长1.5~3cm。头状花序近球形，常由2~9个头状花序组成圆锥花序，花杂性同株，通常上部为雌花序，下部为雄花序。翅果矩圆形，长2~2.5cm，着生成近球形的头状果序。

　　花期5~7月，果期9月。

　　分布于保护区内沙道沟等地。

八角枫科（Alangiaceae）　　　　　　　　　　　八角枫属（*Alangium*）

八角枫　*Alangium chinense* (Lour.) Harms

　　落叶乔木或灌木，高3~5m。叶纸质，近圆形或椭圆形，基部两侧常不对称，长13~26cm，宽9~22cm，多不分裂，掌状基出脉3~7，侧脉3~5对；叶柄长2.5~3.5cm。聚伞花序腋生，长3~4cm，总花梗长1~1.5cm；花瓣6~8，线形，上部开花后反卷，初为白色，后变黄色。核果卵圆形，熟后黑色。

　　花期5~7月和9~10月，果期7~11月。

　　全株药用，祛风除湿、舒筋活络、散瘀止痛，用于风湿痹痛、四肢麻木、跌打损伤。

八角枫科 (Alangiaceae)

八角枫属 (*Alangium*)

瓜木 *Alangium platanifolium* (Sieb. et Zucc.) Harms

　　落叶灌木或小乔木，本种与八角枫相近，但叶片通常明显3～5裂，稀7裂，基部心形，下面有疏毛，花常直至数朵组成腋生聚伞花序以示区别。

　　花期3~7月，果期7~9月。

　　分布于保护区内长潭河、椿木营、沙道沟等地，

　　树皮中含鞣质，纤维可作人造棉，根叶药用，治风湿、跌打损伤等，也可作农药。

八角枫科 (Nyssaceae) 八角枫属 (*Alangium*)

小花八角枫 *Alangium faberi* Oliv.

落叶灌木,高1~4m。叶薄纸质至膜质,不裂或掌状三裂,顶端渐尖或尾状渐尖,基部倾斜,通常长7~12cm,宽2.5~3.5cm,叶柄长1~1.5cm。聚伞花序短而纤细,长2~2.5cm,有淡黄色粗伏毛,5~10花,花瓣5~6,开花时向外反卷。核果近卵圆形,熟时淡紫色。

花期6月,果期9月。

分布于保护区内长潭河等地,海拔1600m以下的疏林中。

根和叶入药,祛风除湿,活血止痛。

柳叶菜科（Onagraceae）   柳叶菜属（*Epilobium*）

光滑柳叶菜　*Epilobium amurense* subsp. *cephalostigma* (Hausskn.) C. J. Chen

　　茎常多分枝，上部周围只被曲柔毛，无腺毛，中下部具不明显的棱线，但不贯穿节间，棱线上近无毛；叶长圆状披针形至狭卵形，基部楔形；叶柄长1.5~6mm；花较小，花瓣长4.5~7mm，白色、粉红色或玫瑰紫色；萼片均匀地被稀疏的曲柔毛；柱头近头状。蒴果长1.5~7cm。

　　花期6~8月，果期8~9月。

　　分布于保护区内椿木营等地，海拔600~2000m的中低山河谷、草坡湿润处。

柳叶菜科 (Onagraceae)   柳叶菜属 (*Epilobium*)

长籽柳叶菜 *Epilobium pyrricholophum* Franch. et Savat.

多年生草本。茎高25~80cm, 圆柱状, 全株密被曲柔毛与腺毛。叶对生, 花序上的叶互生, 卵形至宽卵形, 长2~5cm, 宽0.5~2cm, 基部钝或圆形, 下面隆起, 两面及脉上被曲柔毛, 茎上部的混生腺毛。花序直立, 花瓣粉红色至紫红色, 柱头棍棒状或近头状。蒴果长3.5~7cm, 被腺毛。

花期7~9月, 果期8~11月。

分布于保护区内椿木营等地, 海拔600~1700m。

柳叶菜科 (Onagraceae)　　　　　　　　　　　　　　　　柳叶菜属 (*Epilobium*)

中华柳叶菜　*Epilobium sinense* Lévl.

　　多年生粗壮草本。茎圆柱状，高10~50cm，粗1.5~5mm，分枝少或不分枝。叶近基部对生，狭匙形至长圆状披针形或线形，长1.2~7cm，宽0.3~1cm，先端钝，基部狭楔形，边缘每边疏生3~12枚不明显的齿凸，叶柄长2~11mm。花序直立。花瓣白色、粉红或紫红色，柱头头状。蒴果褐色。

　　花期6~8月，果期8~10月。

　　分布于保护区内沙道沟、椿木营等地，海拔600~2000m溪沟与塘边湿地。

柳叶菜科 (Onagraceae)

露珠草属 (Circaea)

谷蓼 *Circaea erubescens* Franch. et Savat.

　　草本，株高10~120cm，无毛。根状茎上无块茎。叶披针形至卵形，稀阔卵形，长2.5~10cm，宽1~6cm，基部阔楔形至圆形或截形，先端短渐尖，边缘具锯齿。顶生总状花序不分枝或基部分枝，花瓣粉红色，长0.8~1.7mm，宽0.7~1mm，先端凹缺。果实倒卵形至阔卵形。

　　花期6~9月，果期7~9月。

　　分布于保护区内沙道沟等地，海拔2000m以下。

小二仙草科 (Haloragidaceae)　　　　　　　　　　　小二仙草属 (*Haloragis*)

小二仙草　*Gonocarpus micrantha* Thunb.

　　多年生草本，高5~45cm。茎直立或下部平卧，具纵槽，多分枝。叶对生，卵形或卵圆形，长6~17mm，宽4~8mm，基部圆形，先端短尖或钝，边缘具稀疏锯齿。顶生圆锥花序，由纤细的总状花序组成，花两性，极小，基部具1苞片与2小苞片，雄蕊8，花丝短。坚果近球形。

　　花期4~8月，果期5~10月。

　　分布于保护区内沙道沟等地。

五加科 (Araliaceae)　　　　　　　　常春藤属 (*Hedera*)

常春藤　*Hedera sinensis* (Tobl.) Rehd.

多年生常绿攀援灌木，长3~20m。单叶互生，叶柄长2~9cm，有鳞片，叶二型，不能枝上的叶为三角状卵形或戟形，长5~12cm，宽3~10cm，全缘或三裂；花枝上的叶椭圆状披针形。伞形花序，花5~40朵，花瓣5，三角状卵形，淡黄白色或淡绿白。果实圆球形，红色或黄色。

花期9~11月，果期翌年3~5月。

保护区内常见种，多攀援于林缘树木、路旁、岩石和房屋墙壁上。

五加科 (Araliaceae)　　　　　　　　　　　　　　　　　　楤木属 (Aralia)

棘茎楤木 *Aralia echinocaulis* Hand.-Mazz.

　　小乔木，高达7m。二回羽状复叶，叶柄长25~40cm，疏生短刺，羽片有小叶5~9，小叶片膜质至薄纸质，长圆状卵形至披针形，长4~11.5cm，宽2.5~5cm，先端长渐尖，基部圆形至阔楔形。圆锥花序大，长30~50cm，顶生，伞形花序有花12~20朵，花白色，花瓣5，雄蕊5。果实球形。

　　花期6~8月，果期9~11月。

　　保护区内常见种，嫩芽可食用，俗称"刺老苞"。

五加科 (Araliaceae)   鹅掌柴属 (*Schefflera*)

短序鹅掌柴 *Schefflera bodinieri* (Lévl.) Rehd.

　　灌木或小乔木，高1~5m。小叶6~9，叶柄长9~18cm，无毛，小叶片膜质或纸质，长圆状椭圆形或披针状椭圆形，长11~15cm，宽1~5cm，先端长渐尖，尖头有时镰刀状，基部阔楔形至钝形，边缘疏生细锯齿或波状钝齿，稀全缘。圆锥花序顶生，伞形花序单个顶生或数个总状排列在分枝上，有花约20朵。果实球形或近球形，红色。

　　花期11月，果期次年4月。

　　分布于保护区内椿木营等地，海拔600~1000m的密林中。

五加科（Araliaceae）　　　　　　　　　　鹅掌柴属（*Schefflera*）

穗序鹅掌柴 *Schefflera delavayi* (Franch.) Harms ex Diels

乔木或灌木，高3~8m。小叶4~7，叶柄长4~16cm，小叶片纸质至薄革质，形状变化大，椭圆状长圆形或卵状长圆形，稀线状长圆形，长6~20cm，宽约3~12cm，基部钝形至圆形，下面密生灰白色或黄棕色星状绒毛。花无梗，密集成穗状花序，再组成长40cm以上的大圆锥花序，花白色。果实球形，紫黑色。

花期10~11月，果期次年1月。

分布于保护区内长潭河、沙道沟等地，海拔600~2000m的山谷溪边的常绿阔叶林中。

根皮入药，治跌打损伤。

五加科（Araliaceae）   梁王茶属（*Nothopanax*）

异叶梁王茶 *Nothopanax davidii* (Franch.) J. Wen ex Frodin

灌木或乔木，高2~12m。叶为单叶，稀在同一枝上有3小叶的掌状复叶，革质，长圆状卵形，不分裂、掌状2~3浅裂或深裂，长6~21cm，宽2.5~7cm，叶柄长5~20cm。圆锥花序顶生，长达20cm，花10余朵，白色或淡黄色，花瓣5，三角状卵形。果实球形，黑色。

花期6~8月，果期9~11月。

保护区内常见种，生于疏林或阳性灌木林中、林缘或路边。

五加科 (Araliaceae)　　　　　　　　　　　　　　　　　　人参属 (*Panax*)

竹节参 *Panax japonicus* (T. Nees) C. A. Mey.

　　多年生草本，主根肉质，圆柱形或纺锤形，淡黄色，根状茎很短，茎高30~60cm。掌状复叶3~6片轮生茎顶，小叶3~5，椭圆形至长椭圆形，长8~12cm，宽3~5cm，先端长渐尖，基部楔形，边缘有锯齿，最外一对侧生小叶较小，小叶柄长达2.5cm。伞形花序单个顶生，花小，淡黄绿色。果扁球形，熟时鲜红色。

　　花期5~6月，果期7~9月。

　　分布于保护区内长潭河等地，海拔1500~2000m的山谷阔叶林中。

　　根茎入药，补虚强壮、止咳祛痰、散瘀止血、消肿止痛。

五加科 (Araliaceae)　　　　　　　通脱木属 (*Tetrapanax*)

通脱木 *Tetrapanax papyrifer* (Hook.) K. Koch

常绿灌木或小乔木, 高1~3.5m, 全株多密被星状厚绒毛。叶大, 集生茎顶, 纸质或薄革质, 掌状5~11裂, 倒卵状长圆形, 上面无毛, 下面密生白色厚绒毛; 叶柄粗壮。圆锥花序长50cm或更长; 苞片披针形, 伞形花序直径1~1.5cm, 花淡黄白色, 花瓣4。果实球形, 紫黑色。

花期10~12月, 果期次年1~2月。

分布于保护区内椿木营等地, 通常生于向阳肥厚的土壤上。

五加科（Araliaceae）

五加属（*Acanthopanax*）

刺五加 *Eleutherococcus senticosus* (Rupr. et Maxim.) Maxim.

灌木，茎通常被密刺并有少数笔直的分枝，一般在叶柄基部刺较密。小叶5，有时3，纸质，椭圆状倒卵形至矩圆形，长7~13cm，宽3~7cm，边缘有锐尖重锯齿，叶柄长3~12cm，小叶柄长0.5~2cm。伞形花序单个顶生或2~4个聚生，具多花。果球形至卵形，有5棱。

分布于保护区内长潭河等地。

根皮及茎皮入药，舒筋活血、祛风湿。

五加科（Araliaceae）　　　　　　　　　　五加属（*Acanthopanax*）

藤五加　*Eleutherococcus leucorrhizus* Oliver

　　灌木，有时蔓生状，枝无毛。掌状复叶，有小叶5，稀3~4，小叶片纸质，长圆形至披针形或倒披针形，顶端渐尖，基部楔形，长6~14cm，宽2.5~5cm，无毛，边缘有重锯齿。伞形花序单个顶生或数个组成短圆锥花序，花绿黄色，5数。果实卵球形。

　　花期6~8月，果期8~10月。

　　分布于保护区内长潭河、椿木营等地，海拔1000~2000m。

五加科（Araliaceae）

五加属（*Acanthopanax*）

尾叶五加 *Acanthopanax cuspidatus* (G.Hoo) H.Ohashi

直立灌木，高1~5m。小叶3~5，叶柄长3~10cm，密生下向直刺，小叶片膜质或纸质，披针形至椭圆形，先端长尾尖，基部楔形至狭尖，上面脉上疏生刚毛，下面无毛，小叶柄长2~10mm，无毛，有时有多数细刺。伞形花序数个簇生枝顶。果实近球形，有5棱，黑色。

花期7~8月，果期9~11月。

分布于保护区内长潭河等地。

伞形科 (Umbelliferae)　　　　　　　　　　　变豆菜属 (*Sanicula*)

薄片变豆菜　*Sanicula lamelligera* Hance

　　多年生矮小草本，高13~30cm。根茎短，有结节，棕褐色。茎2~7，直立，细弱，上部有少数分枝。基生叶圆心形或近五角形，长2~6cm，宽3~9cm，掌状3裂。叶柄长4~18cm，基部有膜质鞘。花序通常2~4回二歧分枝或2~3叉，花瓣白色、粉红色或淡蓝紫色，两性花。果实长卵形或卵形。

　　花果期4~11月。

　　保护区内常见种，海拔500~2000m的山坡林下、溪边及湿润的沙质土壤。

伞形科（Umbelliferae）　　　　　　　　　　　变豆菜属（*Sanicula*）

直刺变豆菜　*Sanicula orthacantha* S. Moore

多年生草本，高8~35cm，根茎短而粗壮。茎直立，上部分枝。基生叶圆心形或心状五角形，长2~7cm，宽3.5~7cm，掌状3全裂，叶柄长5~26cm，细弱，基部有阔的膜质鞘；茎生叶略小于基生叶，有柄，掌状3全裂。花序通常2~3分枝，伞形花序3~8，花瓣白色、淡蓝色或紫红色。果实卵形，外面有直而短的皮刺。

花果期4~9月。

保护区内常见种，常生于路旁、沟谷及溪边等处。

全草入药，清热解毒，治麻疹后热毒未尽、耳热瘙痒、跌打损伤。

伞形科 (Umbelliferae)   柴胡属 (*Bupleurum*)

空心柴胡 *Bupleurum longicaule* var. *franchetii* de Boiss.

多年生草本。茎高50~100cm,通常单生,挺直,中空,嫩枝常带紫色,节间长。基部叶狭长圆状披针形,长10~19cm,宽7~15mm,顶端尖,下部稍窄抱茎;序托叶狭卵形至卵形,基部无耳。总苞片1~2,不等大或早落;小伞直径8~15mm,花8~15朵。果实长3~3.5mm,宽2~2.2mm,有浅棕色狭翼。

分布于保护区内椿木营等地,海拔1400~2000m的山坡草地上。

伞形科 (Umbelliferae)   马蹄属芹 (*Dickinsia*)

马蹄芹 *Dickinsia hydrocotyloides* Franch.

一年生草本，根状茎短，须根细长。茎直立，高20~46cm，无节，光滑。基生叶圆形或肾形，长2~5cm，宽5~11cm，基部深心形，边缘有圆锯齿，叶柄长8~25cm，无毛。总苞片2，着生茎的顶端，叶状，对生，无柄，花序梗3~6，生于两叶状苞片之间，伞形花序有花9~40，花瓣白色或草绿色，卵形。果实背腹扁压，近四棱形。

花果期4~10月。

分布于保护区内椿木营、长潭河等地，海拔1500~2000m的阴湿林下或水沟边。

伞形科 (Umbelliferae)　　　　　　　　　　　　　　囊瓣芹属 (*Pternopetalum*)

川鄂囊瓣芹　*Pternopetalum rosthornii* (Diels) Hand.-Mazz.

　　多年生草本，高30~80cm。根棕褐色，长10~15cm。基生叶有长柄，基部有褐色膜质叶鞘，叶2回三出分裂，茎生叶与基生叶同形，最上部的茎生叶1~2回三出分裂。复伞形花序无总苞，花瓣白色，倒卵形，基部狭窄，顶端凹缺，有内折小舌片。果实卵形。

　　花果期4~8月。

　　中国特有植物，分布于保护区内长潭河等地，海拔1300~2000m的山坡沟谷、潮湿岩石上或竹林下。

伞形科 (Umbelliferae)

囊瓣芹属 (*Pternopetalum*)

囊瓣芹 *Pternopetalum davidii* Franch.

　　多年生草本，高20~45cm。根状茎棕褐色，具节，根粗线状。茎中部以上一般只有1个叶片。基生叶有长柄，叶柄纤细，长8~15cm，有稀疏的柔毛，基部有深褐色宽膜质叶鞘，叶片2回三出分裂，茎生叶与基生叶同形。复伞形花序有长花序梗，无总苞，小伞形花序有花2~4。果实圆卵形。

　　花果期4~10月。

　　保护区内常见种，生于海拔1500~2000m的山间谷地和林下。

伞形科 (Umbelliferae)　　　　　　　　水芹属 (Oenanthe)

线叶水芹 *Oenanthe linearis* Wall. ex DC.

多年生草本, 高30~60cm, 全株光滑无毛。叶2回羽状分裂, 叶柄长1~3cm, 基部有叶鞘末回裂片多线形, 长5~8cm, 宽2.5~3cm。复伞形花序顶生和腋生, 花序梗长2~10cm, 每小伞形花序有花20余朵, 花柄长2~5mm; 花瓣白色, 倒卵形, 顶端内折。果实近四方状椭圆形或球形。

花果期5~10月。

分布于保护区内椿木营、长潭河等地, 海拔1350~2000m的山坡杂木林下或溪边潮湿地。

伞形科（Umbelliferae）　　　　　　　　　　　　　　天胡荽属（*Hydrocotyle*）

中华天胡荽　*Hydrocotyle chinensis* (Dunn ex R. H. Shan et S. L. Liou) M. F. Watson et M. L. She

　　多年生匍匐草本，直立部分高8~37cm，除托叶、苞片、花柄无毛外，均被反曲的柔毛。叶片薄。叶片圆肾形，长2.5~7cm，宽3~8cm，掌状5~7浅裂，叶柄长4~23cm。伞形花序单生于节上，小伞形花序有花25~50。花在蕾期草绿色，开放后白色，花瓣膜质，有淡黄色至紫褐色的腺点。果实近圆形。

　　花果期5~11月。

　　保护区内常见种，生于海拔1000~2000m的河沟边及阴湿的路旁草地。

　　全草入药，镇痛、清热、利湿，治腹痛、小便不利、湿疹等。

山茱萸科 (Cornaceae)　　　　　　　　　　　山茱萸属 (*Cornus*)

灯台树　*Cornus controversa* Hemsl.

　　落叶乔木, 高6~15m。树皮光滑。叶互生, 纸质, 阔卵形, 长6~13cm, 宽3.5~9cm, 基部圆形或急尖, 全缘, 密被淡白色平贴短柔毛, 叶柄长2~6.5cm。伞房状聚伞花序, 顶生, 花小, 白色, 花瓣4, 雄蕊4。核果球形, 熟时紫红色至蓝黑色, 无毛。

　　花期5~6月, 果期7~8月。

　　保护区内常见种。

山茱萸科 (Cornaceae)　　　　　　　　　　　　　　　　　青荚叶属 (*Helwingia*)

青荚叶　*Helwingia japonica* (Thunb.) Dietr.

　　落叶灌木，高1~2m，单性异株。叶纸质，卵形，长3.5~18cm，宽2~8.5cm，先端渐尖，基部阔楔形，边缘具刺状细锯齿，叶柄长1~6cm，托叶线状分裂。花淡绿色，3~5数，雄花4~12朵，呈伞形或密伞花序，常着生于叶上面中脉的1/2~1/3处；雌花1~3朵，着生于叶上面中脉的1/2~1/3处。浆果熟后黑色。

　　花期4~5月，果期8~9月。

　　保护区内常见种，嫩叶可食用。

山茱萸科 (Cornaceae)　　　　　　　　　　　　　　　　　　　山茱萸属 (*Cornus*)

尖叶四照花　*Cornus elliptica* (Pojarkova) Q. Y. Xiang et Bofford

　　常绿乔木或灌木，高4~12m。叶对生，革质，多长椭圆形，长7~9cm，宽2.5~4.2cm，先端渐尖，基部楔形或宽楔形，叶柄长8~12mm。头状花序球形，约由55~80朵花聚集而成，总花梗纤细，密被白色细伏毛，花瓣4，卵圆形，下面有白色贴生短柔毛，雄蕊4，较花瓣短。果序球形，直径2.5cm，成熟时红色，被白色细伏毛。

　　花期6~7月，果期10~11月。

山茱萸科（Cornaceae）　　　　　　　　　　　　　　　　　　　山茱萸属（*Cornus*）

四照花　*Cornus kousa* subsp. *chinensis* (Osborn) Q. Y. Xiang

落叶灌木或小乔木。高可达9m。叶纸质，对生，卵形、卵状椭圆形，表面深绿色，叶背粉绿色，有白柔毛。白色的总苞片4枚；花瓣状，卵形或卵状披针形。核果聚为球形的聚合果，肉质，熟后变为紫红色。

分布于保护区内椿木营等地，海拔600~2000m的林内及阴湿溪边。

果入药，主治烧伤、肝炎。

山茱萸科 (Cornaceae)　　　　　　　　　　桃叶珊瑚属 (*Aucuba*)

喜马拉雅珊瑚 *Aucuba himalaica* Hook. f. et Thoms.

　　常绿小乔木或灌木，高3~6m。叶纸质或薄革质，长椭圆形，长10~15cm，宽3~5cm，叶柄长2~3cm，被粗毛。雄花序为总状圆锥花序，生于小枝顶端，花瓣4，长卵形，雄蕊4，花丝粗壮，花盘肉质，微4裂。雌花序为圆锥花序，长3~5cm，密被粗毛及红褐色柔毛，各部分均为紫红色。幼果绿色，熟后深红色。

　　花期3~5月，果期10月至翌年5月。

　　保护区内常见种，生于海拔1500~2000m的亚热带常绿阔叶林及常绿、落叶阔叶混交林中。

山茱萸科 (Cornaceae)　　　　　　　　　　　　　　　桃叶珊瑚属 (*Aucuba*)

斑叶珊瑚　*Aucuba albopunctifolia* F. T. Wang

　　常绿灌木，高1~2m。叶厚纸质或近革质，多倒卵形，长2.5~8cm，宽2~4.5cm，上面亮绿色，具白色及淡黄色斑点，下面淡绿色，叶基部楔形或近于圆形，先端锐尖，长约5mm，叶柄长7~20mm，幼时散生细伏毛，后无毛。花序为顶生圆锥花序，花深紫色，较稀疏，花梗贴生短毛。果卵圆形，熟后亮红色。

　　花期3~4月，果期至翌年4月。

　　分布于保护区内长潭河等地，常生于海拔1300~1800m林中。

山茱萸科 (Cornaceae)　　　　　　　　　　桃叶珊瑚属 (*Aucuba*)

倒心叶珊瑚　*Aucuba obcordata* (Rehd.) Fu

常绿灌木或小乔木，高1~4m。叶厚纸质，稀近于革质，常为倒心脏形或倒卵形，长8~14cm，宽4.5~8cm，先端截形或倒心脏形，基部窄楔形，边缘具缺刻状粗锯齿，叶柄被粗毛。雄花序为总状圆锥序，长8~9cm，花较稀疏，紫红色，花瓣先端具尖尾；雌花序短圆锥状，长1.5~2.5cm。果较密集，卵圆形。

花期3~4月，果熟期11月以后。

分布于保护区内长潭河等地，常生于海拔约1300m的林中。

鞘柄木科（Toricelliaceae）　　　　　　　　　　　　　鞘柄木属（*Toricellia*）

角叶鞘柄木　*Toricellia angulata* Oliv.

　　叶灌木或小乔木，高2.5~8m，树皮灰色。叶互生，膜质或纸质，阔卵形或近于圆形，长6~15cm，宽5.5~15.5cm，掌状叶脉5~7条，叶柄长2.5~8cm，基部扩大成鞘包于枝上。总状圆锥花序顶生，雄花序长5~30cm，密被短柔毛，雌花序较长，但花较稀疏，花梗细圆柱形，有不整齐的小苞片3。果实核果状，卵形。

　　花期4月，果期6月。

　　保护区内常见种，生于海拔900~2000m的林缘或溪边。

3

双子叶植物——合瓣花类

鹿蹄草科 (Pyrolaceae) 鹿蹄草属 (*Pyrola*)

普通鹿蹄草 *Pyrola decorata* H. Andr.

多年生常绿草本，高达35cm。叶薄革质，椭圆形或卵形，长5~6cm，宽3~3.5cm，顶端圆或钝尖，向基部渐变狭，下延于叶柄，边缘有疏微凸形的小齿，叶脉呈淡绿白色。花葶高达30cm，总状花序圆锥形，有花5~8朵；花俯垂，宽钟状，张开；萼片宽披针形；花瓣绿黄色，长8~10mm。蒴果扁圆球形，直径达10mm。

花期6~7月，果期7~8月。

杜鹃花科 (Ericaceae)　　　　　　　　　　　吊钟花属 (*Enkianthus*)

齿缘吊钟花 *Enkianthus serrulatus* (Wils.) Schneid.

　　落叶灌木或小乔木，高2.6~6m；全体无毛。叶簇生于枝顶，矩圆形，长6~9cm，宽2.8~4cm，短渐尖或近急尖，厚纸质，全部有细锯齿，网脉明显；叶柄长6~12mm，无毛。花钟状，白色，下垂，2~6朵成顶生伞形花序。蒴果椭圆形，长达7mm，有棱角。

　　花期4月，果期5~7月

杜鹃花科 (Ericaceae)   杜鹃属 (*Rhododendron*)

宝兴杜鹃 *Rhododendron moupinense* Franch.

　　灌木，有时附生。幼枝有鳞片，密被褐色刚毛。叶芽鳞倒卵形，早落。叶聚生枝条上部，近假轮生，叶片革质，卵状椭圆形，长2~6cm，宽1.2~4cm，密被褐色鳞片，叶柄密被褐色刚毛。花序顶生，1~2花伞形着生；花冠宽漏斗状，长约4cm，白色或带淡红色，内有红色斑点；雄蕊10；子房5室，密被鳞片。蒴果卵形，被宿存萼。

　　花期4~5月，果期7~10月。

　　分布于保护区内椿木营等地，附生于海拔1800~2000m的林中树上或生于岩石上。

杜鹃花科（Ericaceae）   杜鹃属（*Rhododendron*）

杜鹃　*Rhododendron simsii* Planch.

　　落叶灌木，高2~5m。叶革质，卵形至倒披针形，长1.5~5cm，宽0.5~3cm，叶柄密被亮棕褐色扁平糙伏毛。花2~6朵簇生枝顶；花5深裂，裂片三角状长卵形，被糙伏毛，边缘具睫毛；花冠阔漏斗形，玫瑰色、鲜红色或暗红色，倒卵形，上部裂片具深红色斑点；雄蕊10。蒴果卵球形，密被糙伏毛。

　　花期4~5月，果期6~8月。

　　保护区内常见种，生于海拔600~1500m的山地疏灌丛或阔叶林下。

杜鹃花科 (Ericaceae)　　　　　　　　　　　　杜鹃属 (*Rhododendron*)

满山红 *Rhododendron mariesii* Hemsl. et Wils.

　　落叶灌木，高1~4m。叶厚纸质或近于革质，常2~3集生枝顶，椭圆形或三角状卵形，长4~7.5cm，宽2~4cm；叶柄长5~7mm。花通常2朵顶生，先花后叶，出自于同一顶生花芽；花萼环状；花冠漏斗形，淡紫红色或紫红色，雄蕊8~10。蒴果椭圆状卵球形，密被亮棕褐色长柔毛。

　　花期4~5月，果期6~11月。

　　保护区内常见种，生于海拔600~1500m的山地稀疏灌丛中。

杜鹃花科（Ericaceae）　　　　　　　　　　　　　杜鹃属（*Rhododendron*）

耳叶杜鹃　*Rhododendron auriculatum* Hemsl.

　　常绿灌木或小乔木，高5~10m。冬芽大，顶生，尖卵圆形，外面鳞片狭长形。叶革质，长圆形或倒披针形，长9~22cm，宽3~6.5cm，叶柄稍粗壮，长1.8~3cm，密被腺毛。顶生伞形花序大，疏松，有花7~15朵；花冠漏斗形，银白色，有香味，筒状部外面有长柄腺体，雄蕊14~16。蒴果长圆柱形，微弯曲。

　　花期7~8月，果期9~10月。

　　分布于保护区内长潭河等地，海拔600~2000m的山坡上或沟谷森林中。

杜鹃花科 （Ericaceae） 杜鹃属 （*Rhododendron*）

粉红杜鹃 *Rhododendron oreodoxa* var. *fargesii* (Franch.) Chamb. ex Cullen et Chamb.

常绿灌木或小乔木，高1~12m。叶革质，常5~6枚生于枝端，狭椭圆形，长4.5~10cm，宽2~3.5cm，叶柄长8~18mm。顶生总状伞形花序，有花6~12朵；花梗长0.5~1.5cm，紫红色，密或疏被短柄腺体；花冠钟形，淡红色，裂片6~7；雄蕊12~14，子房具有柄腺体。蒴果长圆柱形，微弯曲，6~7室，有肋纹，绿色至淡黄褐色。

花期4~6月，果期8~10月。

分布于保护区内椿木营等地，海拔1800~2000m的灌丛或森林、山坡林中。

杜鹃花科 (Ericaceae)   杜鹃属 (*Rhododendron*)

光枝杜鹃 *Rhododendron haofui* Chun et Fang

常绿灌木，，高约4~6m。叶革质，披针形或倒卵状披针形，长7~10cm，宽3~4cm，无毛，侧脉14~18对；叶柄长1.5~2.2cm。总状伞形花序，5～9花；总轴长0.5~1cm；花梗长2.5~3.5cm；花冠宽钟状，长4~4.5cm，白色带粉红色，5裂；雄蕊18~20；子房圆柱状卵圆形，密被白色绵毛。蒴果圆柱状。

花期5月，果期10月。

分布于保护区椿木营等地，生于高山灌丛或岩坡地，海拔1500~2000m。

杜鹃花科 (Ericaceae)　　　　　　　　　　　　杜鹃属 (*Rhododendron*)

锦绣杜鹃　*Rhododendron pulchrum* Sweet

半常绿灌木，高1.5~2.5m。叶薄革质，椭圆状长圆形，长2~5cm，宽1~2.5cm，叶柄长3~6mm，密被棕褐色糙伏毛。伞形花序顶生，有花1~5朵；花梗密被淡黄褐色长柔毛；花冠玫瑰紫色，阔漏斗形，雄蕊10，花丝线形；子房卵球形。蒴果长圆状卵球形，花萼宿存。

花期4~5月，果期9~10月。

分布于保护区沙道沟等地，多栽培供观赏。

杜鹃花科 （Ericaceae） 杜鹃属 （*Rhododendron*）

马银花 *Rhododendron ovatum* (Lindl.) Planch. ex Maxim.

常绿灌木，高达4m。叶革质，卵形，长3.7~5cm，宽1.8~2.5cm，顶端急尖或钝，有明显的凸尖头，基部圆形，仅中脉上面有短毛，无鳞片；叶柄长达8mm，有柔毛。花单一，每花芽1朵，出自枝顶叶腋间；花白紫色，有粉红色点；花梗长1.6cm，有短柄腺体和白粉，雄蕊5。蒴果宽卵形。

花期4~5月，果期7~10月。

分布于保护区内椿木营、沙道沟等地，海拔约1000~1500m的灌丛中。

杜鹃花科 (Ericaceae)　　　　　　　　　　杜鹃属 (*Rhododendron*)

腺萼马银花　*Rhododendron bachii* Lévl.

常绿灌木, 高2~3m。叶散生, 薄革质, 卵形或卵状椭圆形, 长3~5.5cm, 宽1.5~2.5cm, 先端凹缺, 具短尖头, 边缘浅波状, 具刚毛状细齿, 叶柄长约5mm, 被短柔毛和腺毛。花芽圆锥形, 鳞片长圆状倒卵形, 外面密被白色短柔毛。花1朵侧生于上部枝条叶腋; 花梗被短柔毛和腺头毛。蒴果卵球形, 密被短柄腺毛。

花期4~5月, 果期6~10月

分布于保护区内长潭河等地, 常生于海拔600~1600m的疏林内。

杜鹃花科 （Ericaceae） 杜鹃属 （*Rhododendron*）

羊踯躅 *Rhododendron molle* (Bl.) G. Don

　　落叶灌木，高0.5~2m。叶纸质，长圆形至长圆状披针形，长5~11cm，宽1.5~3.5cm，下面密被灰白色柔毛，叶柄长2~6mm；总状伞形花序顶生，花多达13朵，花梗被微柔毛及疏刚毛；花冠阔漏斗形，黄色或金黄色，内有深红色斑点，雄蕊5，子房圆锥状，密被灰白色柔毛及疏刚毛。蒴果圆锥状长圆形。

　　花期3~5月，果期7~8月。

　　分布于保护区内沙道沟等地，海拔约1000~1500m。

　　有毒植物。

杜鹃花科 (Ericaceae) 杜鹃属 (*Rhododendron*)

云锦杜鹃 *Rhododendron fortunei* Lindl.

常绿灌木或小乔木,高3~12m。顶生冬芽阔卵形。叶厚革质,长圆形,长8~14.5cm,宽3~19.2cm,叶柄圆柱形,长1.8~4cm。顶生总状伞形花序疏松,有花6~12朵,有香味;花冠漏斗状钟形,粉红色,外面有稀疏腺体,裂片7,雄蕊14,子房圆锥形,密被腺体。蒴果褐色,有肋纹及腺体残迹。

花期4~5月,果期8~10月。

分布于保护区内椿木营等地,海拔600~2000m的山脊阳处或林下。

杜鹃花科（Ericaceae）   马醉木属（*Pieris*）

美丽马醉木   *Pieris formosa* (Wall.) D. Don

常绿灌木或小乔木，高2~4m，冬芽较小，卵圆形，鳞片外面无毛。叶革质，披针形至长圆形，稀倒披针形，长4~10cm，宽1.5~3cm，边缘具细锯齿，叶柄长1~1.5cm，腹面有沟纹，背面圆形。总状花序簇生于枝顶的叶腋，长4~10cm；花梗被柔毛；萼片宽披针形；花冠白色，坛状，外面有柔毛，上部浅5裂；雄蕊10；子房扁球形。蒴果卵圆形。

花期5~6月，果期7~9月。

杜鹃花科 (Ericaceae)　　　　　　　　　　　越橘属（*Vaccinium*）

扁枝越橘　*Vaccinium japonicum* var. *sinicum* (Nakai) Rehd.

　　落叶灌木，高0.4~2m；茎直立。叶片纸质，卵形或卵状披针形，长1.5~6cm，宽0.7~2cm，边缘有细锯齿，齿尖有具腺短芒，叶柄很短。花单生叶腋，下垂；花梗纤细，长5~8mm；花冠白色，有时带淡红色，长0.8~1cm，4深裂至下部1/4，花开后向外反卷；雄蕊8枚。浆果直径约5mm，绿色，熟后红色。

　　花期6月，果期9~10月。

紫金牛科 (Myrsinaceae)   紫金牛属 (*Ardisia*)

百两金 *Ardisia crispa* (Thunb.) A. DC.

灌木或半灌木，高1.5m，有匍匐根状茎。叶膜质，矩圆状狭椭圆形，长8~18cm，宽1.5~3cm，渐尖，全缘或波状，下面有较边缘腺点细的黑腺点。花序近于伞形，顶生于花枝上，长1~3cm；花长5mm；萼片矩圆形，急尖或钝，长1.5mm，有疏散腺点，有三条脉；花冠裂片卵形，急尖。果直径6.5mm，有极少数黑腺点。

花期5~6月，果期10~12月。

保护区内常见种，分布于海拔100~2000m的山谷、山坡、密林下或竹林下。

全草入药，有祛痰止咳、活血消肿、风湿骨痛等功效。

紫金牛科 (Myrsinaceae)

紫金牛属 (*Ardisia*)

硃砂根　*Ardisia crenata* Sims

灌木，不分枝，高1~2m，有匍匐根状茎。叶坚纸质，狭椭圆形或倒披针形，长8~15cm，宽2~3.5cm，急尖或渐尖，边缘皱波状或波状，两面有突起腺点。花序伞形或聚伞状，顶生，长2~4cm；花长6mm；萼片卵形或矩圆形，有黑腺点；花冠裂片披针状卵形，急尖，有黑腺点。果直径7~8mm，有稀疏黑腺点。

花期5~6月，果期10~12月，有时2~4月。

分布于保护区内椿木营等地，生于海拔900~2000m的林下阴湿灌丛中。

根入药，活血祛瘀、清热降火、消肿解毒、祛痰止咳等。

紫金牛科 (Myrsinaceae)　　　　　　　　　　　　　　　　　　　紫金牛属 (*Ardisia*)

紫金牛　*Ardisia japonica* (Thunb.) Bl.

　　小灌木或亚灌木，近蔓生，具匍匐生根的根茎。叶对生或近轮生，叶片坚纸质或近革质，椭圆形至椭圆状倒卵形，长4~7cm，宽1.5~4cm，边缘具细锯齿，叶柄长6~10mm，被微柔毛。亚伞形花序，腋生或生于近茎顶端的叶腋，总梗长约5mm，有花3~5朵；花长4~5mm，花瓣粉红色或白色，广卵形，长4~5mm，具密腺点。果球形，鲜红色转黑色。

　　花期5~6月，果期11~12月。

　　保护区内常见种，生于海拔约1500m以下的山间林下或竹林下。

　　全株药用，治肺结核、咯血、咳嗽、慢性气管炎、黄胆肝炎、尿路感染等。

报春花科 (Primulaceae)   报春花属 (*Primula*)

鄂报春 *Primula obconica* Hance

多年生草本。叶卵圆形，长3~14cm，宽2.5~11cm，边缘近全缘，具小牙齿或呈浅波状而具圆齿状裂片，下面沿叶脉被多细胞柔毛，叶柄长3~14cm，被白色或褐色的多细胞柔毛。伞形花序2~13花，苞片线形至线状披针形，被柔毛；花梗长5~20mm，被柔毛；花萼杯状或阔钟状，花冠玫瑰红色。蒴果球形。

花期3~6月。

分布于保护区内长潭河、椿木营等地，海拔600~2000m的林下、水沟边和湿润岩石上。

报春花科 (Primulaceae)   报春花属 (*Primula*)

卵叶报春 *Primula ovalifolia* Franch.

　　多年生草本，全株无粉。叶阔椭圆形，长3.5~11.5cm，宽2~10cm，边缘具不明显的小圆齿或具胼胝质尖头的小牙齿，叶柄具狭翅，密被多细胞柔毛。伞形花序2~7花；苞片自稍宽的基部渐尖成狭披针形；花梗被柔毛；花萼钟状，外面被微柔毛；花冠紫色或蓝紫色，喉部具环状附属物。蒴果球形，藏于萼筒中。

　　花期3~4月，果期5~6月。

　　分布于保护区内长潭河等地，生长于林下和山谷阴处，海拔600~2000m。

报春花科（Primulaceae）　　　　　　　　　点地梅属（*Androsace*）

莲叶点地梅　*Androsace henryi* Oliv.

多年生草本。叶基生，圆形至圆肾形，直径3~7cm，先端圆形，基部心形弯缺深达叶片的1/3，边缘具浅裂状圆齿或重牙齿，两面被短糙伏毛，叶柄长6~16cm。花葶通常2~4枚自叶丛中抽出，高15~30cm；伞形花序12~40花；花梗纤细，长10~18mm，密被小柔毛；花萼漏斗状，花冠白色，筒部与花萼近等长，裂片倒卵状心形。蒴果近陀螺形，先端近平截。

花期4~5月，果期5~6月。

分布于保护区内椿木营、长潭河等地，生于山坡疏林下或沟谷水边。

报春花科 (Primulaceae)

珍珠菜属 (*Lysimachia*)

矮桃 *Lysimachia clethroides* Duby

多年生草本，全株多少被黄褐色卷曲柔毛。叶互生，长椭圆形或阔披针形，长6~16cm，宽2~5cm，渐尖，基部渐狭，两面散生黑色粒状腺点。总状花序顶生，花密集，苞片线状钻形；花梗长4~6mm；花萼长2.5~3mm，分裂近达基部，花冠白色，长5~6mm，花药长圆形，子房卵珠形，花柱稍粗。蒴果近球形。

花期5~7月，果期7~10月。

分布于保护区内长潭河、沙道沟等地，生于山坡林缘和草丛中。

全草入药，有活血调经、解毒消肿的功效。

报春花科 (Primulaceae)　　　　珍珠菜属 (*Lysimachia*)

巴东过路黄　*Lysimachia patungensis* Hand.-Mazz.

　　茎纤细，匍匐伸长，节上生根，长10~40cm，密被铁锈色多细胞柔毛。叶对生，呈轮生状，叶片阔卵形或近圆形，长1.3~3.8cm，宽8~30mm，叶柄密被柔毛。花2~4朵集生于茎和枝的顶端，无苞片；花梗长6~25mm，密被铁锈色柔毛；花萼长6~7mm，花冠黄色，内面基部橙红色。蒴果球形。

　　花期5~6月，果期7~8月。

　　保护区内常见种，多生于山谷溪边、路边或林下。

报春花科 (Primulaceae)   珍珠菜属 (*Lysimachia*)

鄂西香草　*Lysimachia pseudotrichopoda* Hand.-Mazz.

　　柔弱草本，干后有香气。叶互生，阔卵形或近菱形，茎端的较大，长2.5~5cm，宽1~2.5cm，边缘微呈皱波状，叶柄长4~10mm。花单生茎端叶腋；花梗纤细，长14~40mm；花萼长2.5mm，花冠黄色，深裂近达基部。蒴果球形，带白色，不开裂。

　　花期5月。

　　分布于保护区内长潭河等地，海拔1100~1400m。

报春花科 (Primulaceae)　　　　　　珍珠菜属 (*Lysimachia*)

细梗香草　*Lysimachia capillipes* Hemsl.

　　株高40~60cm，干后有浓郁香气。叶互生，卵形至卵状披针形，长1.5~7cm，宽1~3cm；叶柄长2~8mm。花单出腋生；花梗纤细，丝状，长1.5~3.5cm；花萼长2~4mm，深裂近达基部，裂片卵形或披针形；花冠黄色，长6~8mm，分裂近达基部；花丝基部与花冠合生约0.5mm，分离部分明显；花药长3.5~4mm，顶孔开裂；花柱丝状。蒴果近球形，带白色。

　　花期6~7月，果期8~10月。

　　分布于保护区内长潭河等地，海拔600~2000m的山谷林下和溪边。

　　全草入药，治流行性感冒。

报春花科 (Primulaceae)　　　　　　　　　　　　　**珍珠菜属 (*Lysimachia*)**

耳叶珍珠菜 *Lysimachia auriculata* Hemsl.

　　多年生草本，全株无毛。茎直立，钝四棱形。叶对生，叶片卵状披针形至线形，长4~10cm，宽2~25mm，先端长渐尖或稍锐尖，基部耳状抱茎。总状花序稍疏松，生于茎端和枝端，成圆锥花序状，长10~15cm；苞片钻形；花梗长2~4mm；花萼长3.5~4mm，分裂近达基部，裂片披针形，花冠白色，钟状，长5~6mm。蒴果球形。

　　花期5~6月，果期6~7月。

　　分布于保护区内长潭河等地，生于山坡阴处，海拔600~1600m。

报春花科 (Primulaceae)   珍珠菜属 (*Lysimachia*)

临时救　*Lysimachia congestiflora* Hemsl.

　　茎下部匍匐, 节上生根。叶对生, 茎端的2对间距短, 近密聚, 叶片卵形、阔卵形以至近圆形, 长1.4~3cm, 宽1.3~2.2cm, 先端锐尖或钝, 基部近圆形或截形。花2~4朵集生茎端和枝端成近头状的总状花序, 在花序下方的1对叶腋有时具单生之花; 花萼分裂近达基部, 裂片披针形; 花冠黄色, 内面基部紫红色。蒴果球形, 直径3~4mm。

　　花期5~6月, 果期7~10月。

　　分布于保护区内长潭河等地, 生于水沟边、山坡林缘、草地等湿润处。

　　全草入药, 治风寒头痛、咽喉肿痛、肾炎水肿、肾结石、疗疮、毒蛇咬伤等。

报春花科 (Primulaceae)　　　　　　　　　　　　　珍珠菜属 (*Lysimachia*)

落地梅　*Lysimachia paridiformis* Franch.

　　根茎粗短或成块状；密被黄褐色绒毛。叶4~6片在茎端轮生，下部叶退化呈鳞片状，叶片倒卵形以至椭圆形，长5~17cm，宽3~10cm，渐尖，两面散生黑色腺条。花集生茎端成伞形花序，花梗长5~15mm；花萼长8~12mm，分裂近达基部，花冠黄色，长12~14mm，基部合生部分长约3mm，花丝基部合生成高2mm的筒。蒴果近球形。

　　花期5~6月，果期7~9月。

　　保护区内常见种，生于山谷林下湿润处，海拔1400m以下。

　　全草入药，主治风热咳嗽、胃痛、风湿痛；外用治跌打损伤、毒蛇咬伤、疖肿等。

柿树科 (Ebenaceae) 柿属 (*Diospyros*)

君迁子 *Diospyros lotus* L.

  乔木, 高达14m; 枝皮光滑不开裂。叶椭圆形至矩圆形, 长6~12cm, 宽3.5~5.5cm, 上面密生柔毛, 后脱落, 下面近白色; 叶柄长0.5~2.5cm。花单性, 雌雄异株, 簇生叶腋; 花萼密生柔毛, 3裂; 雌蕊由2~3个心皮合成, 花柱分裂至基部。浆果球形, 蓝黑色, 有白蜡层。

  花期5~6月, 果期10~11月。

  分布于保护区内椿木营等地, 海拔600~2000m的山地、山坡灌丛中或林缘。

  果实入药可止消渴, 去烦热。

山矾科（Symplocaceae）

山矾属（*Symplocos*）

白檀 *Symplocos paniculata* (Thunb.) Miq.

　　落叶灌木或小乔木。叶膜质或薄纸质，阔倒卵形、椭圆状倒卵形或卵形，长3~11cm，宽2~4cm，渐尖，边缘有细尖锯齿。圆锥花序长5~8cm，有柔毛；苞片早落，条形，有褐色腺点；花冠白色；雄蕊40~60枚，子房2室。核果熟时蓝色，卵状球形，稍偏斜。

　　分布于保护区内长潭河、沙道沟等地，海拔700~2000m的山坡、路边或密林中。

山矾科 (Symplocaceae)　　　　　　　　　　　山矾属 (*Symplocos*)

光叶山矾　*Symplocos lancifolia* Sieb. et Zucc.

　　小乔木；芽、嫩枝、嫩叶背面脉上、花序均被黄褐色柔毛。叶纸质或近膜质，卵形至阔披针形，长3~6cm，宽1.5~2.5cm，尾状渐尖，边缘具稀疏的浅钝锯齿；叶柄长约5mm。穗状花序长1~4cm；苞片椭圆状卵形，花萼长1.6~2mm，5裂，花冠淡黄色，5深裂几达基部，雄蕊约25枚；子房3室。核果近球形，顶端宿萼裂片直立。

　　花期3~11月，果期6~12月；边开花边结果。

　　分布于保护区内长潭河等地，海拔约1200m的林中。

　　根入药，治跌打损伤。

山矾科 (Symplocaceae)   山矾属 (*Symplocos*)

叶萼山矾　*Symplocos phyllocalyx* (Thunberg) Siebold & Zuccarini

常绿小乔木。叶革质，狭椭圆形或长圆状倒卵形，长6~9cm，宽2~4cm，先端急尖或短渐尖，基部楔形，边缘具波状浅锯齿；叶柄长8~15mm。穗状花序长8~15mm，花序轴具短柔毛；花萼长约4mm，裂片长圆形；花冠长约4mm，5深裂几达基部；雄蕊40~50枚，花盘有毛。核果椭圆形，顶端有直立的宿萼裂片，核骨质。

花期3~4月，果期6~8月。

分布于保护区内椿木营等地，生于海拔2000m以下的山地杂木林中。

山矾科 (Symplocaceae)　　　　　　　　　　　　　山矾属 (*Symplocos*)

老鼠矢　*Symplocos stellaris* Brand

　　常绿乔木,小枝粗,髓心中空,具横隔;芽、嫩枝、嫩叶柄、苞片和小苞片均被红褐色绒毛。叶厚革质,披针状椭圆形,长6~20cm,宽2~5cm,全缘,叶柄有纵沟。团伞花序着生于二年生枝的叶痕之上;花冠白色,长7~8mm,5深裂几达基部,裂片椭圆形,雄蕊18~25枚。核果狭卵状圆柱形。

　　花期4~5月,果期6月。

　　分布于保护区内椿木营等地,海拔1000~1500m的山地、路旁、疏林中。

野茉莉科 (Styracaceae)　　　　　　　　　　　　　　　　　　安息香属 (*Styrax*)

野茉莉　*Styrax japonicus* Sieb. et Zucc.

　　灌木或小乔木，高4~8m。叶互生，纸质或近革质，椭圆形，长4~10cm，宽2~5cm，叶柄长5~10mm，上面有凹槽。总状花序顶生，有花5~8朵，长5~8cm；花白色，长2~2.8cm；花冠裂片卵形、倒卵形或椭圆形，长1.6~2.5mm，宽5~7mm。果实卵形，顶端具短尖头，外面密被灰色星状绒毛，有不规则皱纹。

　　花期4~7月，果期9~11月。

　　保护区内常见种，生于海拔600~1800m的林中。

野茉莉科 (Styracaceae)   白辛树属 (*Pterostyrax*)

白辛树 *Pterostyrax psilophyllus* Diels ex Perk.

　　乔木,高达15m。叶硬纸质,长椭圆形或倒卵状长圆形,长5~15cm,宽5~9cm,渐尖,基部楔形,边缘具细锯齿,叶柄长1~2cm,密被星状柔毛,上面具沟槽。圆锥花序顶生或腋生,花序梗、花梗和花萼均密被黄色星状绒毛;花白色,长12~14mm;花瓣长椭圆形或椭圆状匙形,雄蕊10枚。果近纺锤形,密被灰黄色疏展、丝质长硬毛。

　　花期4~5月,果期8~10月。

　　分布于保护区内长潭河、椿木营等地,海拔600~2000m湿润林中。

木犀科 (Oleaceae)   梣属 (*Fraxinus*)

苦枥木　*Fraxinus insularis* Hemsl.

　　乔木，高8~10m。小叶3~5枚，有细柄，卵形至卵状披针形或矩圆形，长5~12cm，宽1.5~4cm，渐尖，基部圆形或狭窄，边缘有锯齿或全缘。圆锥花序宽散，长10~15cm；花多数，白色，有2~3mm长的细梗；花萼杯状，顶端有4钝齿或近全缘；花瓣4，条状矩圆形，长约3mm，顶端钝；雄蕊较花瓣长。翅果条形，顶端微凹。
　　花期4~5月，果期7~9月。
　　分布于保护区内长潭河等地，生于各种海拔高度的山地、河谷等处，在石灰岩裸坡上常为仅见的大树。

木犀科 (Oleaceae)   木犀属 (*Osmanthus*)

网脉木犀 *Osmanthus reticulatus* P. S. Green

常绿灌木或小乔木，高3~8m。叶片革质，椭圆形或狭卵形，长6~9cm，宽2~3.5cm，渐尖，基部圆形或宽楔形，全缘或约有15对锯齿；叶柄长0.5~1.5cm。花序簇生于叶腋；花梗长3~5mm；花萼具不等的短裂片；花冠白色，长3.5~4mm，雄蕊着生在花冠管中部。果长约1cm，呈紫黑色。

花期10~11月，果期5~6月。

分布于保护区内长潭河等地，海拔1100~2000m的山地林地及溪岸边。

木犀科 (Oleaceae)　　　　　　　　　　　　　　女贞属 (*Ligustrum*)

女贞　*Ligustrum lucidum* Ait.

乔木，一般高约6m。叶革质而脆，卵形或卵状披针形，长6~12cm，无毛。圆锥花序长12~20cm；花近无梗；花冠筒和花萼略等长；雄蕊和花冠裂片略等长。核果矩圆形，紫蓝色，长约1cm。

花期5~7月，果期7月至翌年5月。

常见种，生海拔2000m以下疏、密林中。

果入药，治肝肾阴亏等；叶入药，解热镇痛。

木犀科 (Oleaceae)　　　　　　　　　　　　　女贞属 (*Ligustrum*)

小叶女贞　*Ligustrum quihoui* Carr.

　　落叶灌木，高1~3m。叶片薄革质，形状和大小变异较大，披针形至倒披针形或倒卵形，长1~4cm，宽0.5~2cm，叶缘反卷，叶柄长0~5mm，无毛或被微柔毛。圆锥花序顶生，近圆柱形，小苞片卵形，具睫毛；花冠长4~5mm。果倒卵形或近球形，紫黑色。

　　花期5~7月，果期3~11月。

　　常见种，生沟边、路旁或河边灌丛中，海拔600~2000m。

　　叶入药，清热解毒，治烫伤、外伤；树皮入药治烫伤。

木犀科 (Oleaceae)　　　　　　　　　　　　　　　　　　素馨属 (*Jasminum*)

清香藤　*Jasminum lanceolarium* Roxb.

大型攀援灌木，高10~15m。叶对生或近对生，三出复叶，叶柄长1~4.5cm，具沟，沟内常被微柔毛；小叶片椭圆形、卵形或披针形，长3.5~16cm，宽1~9cm。复聚伞花序常排列呈圆锥状，顶生或腋生，有花多朵，密集；花芳香；花冠白色，高脚碟状；花柱异长。果球形或椭圆形，两心皮基部相连或仅一心皮成熟，黑色。

花期4~10月，果期6月至翌年3月。

分布于保护区内长潭河、椿木营等地，生山坡、灌丛或山谷密林中。

马钱科 (Loganiaceae)   醉鱼草属 (*Buddleja*)

大叶醉鱼草   *Buddleja davidii* Franch.

灌木, 高1~5m。小枝外展而下弯, 略呈四棱形。叶对生, 叶片膜质至薄纸质, 狭卵形至卵状披针形, 长1~20cm, 宽0.3~7.5cm, 渐尖, 基部宽楔形至钝, 边缘具细锯齿。总状或圆锥状聚伞花序, 顶生, 长4~30cm, 宽2~5mm; 花萼钟状, 外面被星状短绒毛; 花冠淡紫色, 后变黄白色至白色, 喉部橙黄色, 芳香, 长7.5~14mm。蒴果。

花期5~10月, 果期9~12月。

常见种, 生海拔800~2000m山坡、沟边灌木丛中。

全草入药, 祛风散寒、止咳、消积止痛。

马钱科（Loganiaceae）   醉鱼草属（*Buddleja*）

醉鱼草 *Buddleja lindleyana* Fortune

灌木，高1~3m。小枝具四棱，棱上略有窄翅。叶对生，叶片膜质，卵形至长圆状披针形，长3~11cm，宽1~5cm渐尖，基部宽楔形至圆形，边缘全缘或具有波状齿，叶柄长2~15mm。穗状聚伞花序顶生，长4~40cm，宽2~4cm；花紫色，芳香；花冠长13~20mm，内面被柔毛。果序穗状；蒴果长圆状或椭圆状，无毛，有鳞片。

花期4~10月，果期8月至翌年4月。

常见种，生于海拔200~2000m山地路旁、河边灌丛或林缘。

花、叶及根入药，祛风祛湿、止咳化痰、散瘀。

龙胆科 (Gentianaceae)

龙胆属 (*Gentiana*)

水繁缕叶龙胆 *Gentiana samolifolia* (Franch.) C. Marquand

　　一年生草本，高3~13cm。叶先端圆形或钝圆，具小尖头，边缘软骨质，狭窄，具极细乳突，基生叶大，卵圆形或宽卵形，长10~25mm，宽7~13mm；茎生叶小，卵圆形至倒卵状矩圆形，长5~20mm，宽2~15mm。花多数，单生于小枝顶端，常2~6个小枝密集呈伞形；花梗紫红色，具乳突，藏于上部叶中；花冠内面蓝色，外面黄绿色。蒴果矩圆状匙形或倒卵形。

　　花果期4~6月。

　　分布于保护区内长潭河等地，海拔900~2000m的山坡草地、路旁、灌丛林下等。

龙胆科（Gentianaceae）　　　　　　　　　　双蝴蝶属（*Tripterospermum*）

尼泊尔双蝴蝶　*Tripterospermum volubile* (D. Don) Hara

　　多年生缠绕草本，根纤细、淡黄色。茎生叶卵状披针形，长6~9cm，宽2~2.5cm，先端渐尖呈尾状，基部近圆形或心形，全缘或有时呈微波状。花腋生和顶生、单生或成对着生；花梗短；花萼钟形，绿色有时带紫色，花冠淡黄绿色，长2.5~3cm，裂片卵状三角形，子房椭圆形。浆果紫红色，长椭圆形。

　　花果期8~9月。

　　分布于保护区内椿木营等地，海拔约2000m的山坡林下。

龙胆科 (Gentianaceae)　　　　　　　　双蝴蝶属 (*Tripterospermum*)

心叶双蝴蝶　*Tripterospermum cordifolioides* J. Murata

茎几乎不弯曲。叶柄略短于叶片；叶片呈近似三角形的卵形，叶基近似于心形，先端渐尖。花腋生，通常每节1个；苞片0~3，鳞片状。花萼管钟状，7~10mm，略隆起。花冠发白至淡蓝色。果期成熟前落叶。蒴果纺锤形，近无柄。种子黑色。

分布于保护区内椿木营等地，海拔600~2000m的阴暗潮湿处。

夹竹桃科 (Apocynaceae) 络石属 (*Trachelospermum*)

紫花络石 *Trachelospermum axillare* Hook. f.

　　粗壮木质藤本，无毛或幼时具微长毛。叶厚纸质，倒披针形或长椭圆形，长8~15cm，宽3~4.5cm，叶柄长3~5mm。聚伞花序近伞形，腋生或有时近顶生，长1~3mm；花梗长3~8mm；花紫色；花蕾顶端钝；雄蕊着生于花冠筒的基部，花药隐藏于其内；子房卵圆形。蓇葖果圆柱状长圆形。

　　花期5~7月，果期8~10月。

　　分布于保护区内长潭河、椿木营等地，生于山谷及疏林中或水沟边。

萝藦科（Asclepiadaceae）　　　　　　　　　　　　鹅绒藤属（*Cynanchum*）

朱砂藤 *Cynanchum officinale* (Hemsl.) Tsiang et Zhang

藤状灌木，主根圆柱状；嫩茎具单列毛。叶对生，薄纸质，卵形或卵状长圆形，长5~12cm，基部宽3~7.5cm，向端部渐尖，基部耳形；叶柄长2~6cm。聚伞花序腋生，长3~8cm，着花约10朵；花萼内面基部具腺体5枚；花冠淡绿色或白色；副花冠肉质，深5裂。蓇葖通常仅1枚发育，长达11cm。

花期5~8月，果期7~10月。

分布于保护区内长潭河、椿木营等地，生于山地林下或石壁上。

萝藦科 (Asclepiadaceae)　　　　　　　　　　　　　　　鹅绒藤属 (*Cynanchum*)

牛皮消 *Cynanchum auriculatum* Royle ex Wight

　　蔓性半灌木；宿根肥厚，呈块状；茎圆形，被微柔毛。叶对生，膜质，被微毛，宽卵形至卵状长圆形，长4~12cm，宽4~10cm，顶端短渐尖，基部心形。聚伞花序伞房状，着花30朵；花冠白色，裂片反折；副花冠浅杯状，裂片椭圆形，肉质，钝头，在每裂片内面的中部有1个三角形的舌状鳞片。蓇葖双生，长约8cm。

　　花期6~9月，果期7~11月。

　　保护区常见种。

　　块根入药，养阴清热、润肺止咳，可治疗神经衰弱、十二指肠溃疡、肾炎、水肿等。

萝藦科 (Asclepiadaceae)　　　　　　牛奶菜属 (*Marsdenia*)

宣恩牛奶菜　*Marsdenia xuanenensis* (H. Lév.) Woodson

攀援灌木；茎粗壮，黄褐色，被绒毛。叶长圆形。聚伞花序顶生，长3.5~6cm，着花多朵，组成伞形状：花序梗长1.5~2cm，被红黄色长柔毛；花长3~4mm，黄色；花萼被长柔毛，边缘有边毛，裂片锐尖，湾缺处有腺体；花冠筒状，高出花萼之外。蓇葖果披针形；种子顶端具白色绢质种毛。

花期4月，果期6月。

分布于保护区内椿木营等地。

紫草科（Boraginaceae）　　　　　　　　　　　　　　　　车前紫草属（*Sinojohnstonia*）

浙赣车前紫草　*Sinojohnstonia chekiangensis*（Migo）W. T. Wang ex Z. Y. Zhang

　　草本，根状茎长达15cm。基生叶数个，叶片长卵形，先端渐尖，基部心形，两面都密生短糙毛，叶柄长达12cm，茎生叶较小。花序含多数花，无苞片，密生短伏毛；花萼长约6mm，5裂至基部，花冠漏斗状，白色或稍带淡红色，无毛，喉部附属物高约1mm；雄蕊5，子房4裂。小坚果4，碗状突起的边缘内折。

　　花果期4~5月。

　　分布于保护区内长潭河、椿木营等地，生林下或阴湿的岩石旁。

紫草科 (Boraginaceae)   附地菜属 (*Trigonotis*)

附地菜 *Trigonotis peduncularis* var. *peduncularis* (Trev.) Benth. ex Baker et Moore

　　一年生或二年生草本。茎通常多条丛生，密集，铺散，被短糙伏毛。基生叶呈莲座状，有叶柄，叶片匙形，长2~5cm，两面被糙伏毛，茎上部叶长圆形或椭圆形。花序生茎顶，长5~20cm；花冠淡蓝色或粉色，筒部甚短，裂片平展，倒卵形，喉部附属5，白色或带黄色；花药卵形。小坚果4，具3锐棱。

　　早春开花，花期甚长。

　　常见种，生平原、丘陵草地、林缘、田间及荒地。

　　全草入药，温中健胃、消肿止痛、止血。

紫草科（Boraginaceae）   附地菜属（*Trigonotis*）

湖北附地菜 *Trigonotis mollis* Hemsl.

　　多年生密丛细弱草本，全体密被灰色柔毛。茎多条，斜升，密被开展的柔毛。叶片柔软，近膜质宽卵形或近圆形，直径0.5~1.5cm，先端圆或尖，基部圆或宽楔形，两面密被灰色柔毛。花序顶生，长约7cm，花梗细丝状；花冠淡蓝色，直径约2.5mm，筒部短，裂片近圆形；花药椭圆形。小坚果4，半球状四面体形，灰褐色。

　　常见种，生海拔900~1200m山沟石壁或山谷河边。

紫草科 (Boraginaceae)　　　　　　　　　　　　　　　附地菜属 (*Trigonotis*)

西南附地菜　*Trigonotis cavaleriei* (Lévl.) Hand.-Mazz.

　　多年生草本。茎高20~50cm，稍呈之字形弯曲，有开展的长硬毛。基生叶数个，叶片宽卵形或椭圆形，长3~10cm，宽2~5.5cm，上面密生糙伏毛，叶缘具短毛；叶柄长3~10cm，密生长硬毛；茎上部叶较小。花序顶生或从茎上部叶腋抽出，有长总梗，通常二叉式分枝，有短伏毛；花冠蓝色或白色，裂片近圆形。小坚果4，倒三棱锥状四面体形，成熟后深褐色。

　　花果期5~8月。

　　分布于保护区内长潭河、椿木营等地，海拔700~2000m山地林下、溪谷湿地或路旁。

紫草科 (Boraginaceae)   聚合草属 (*Symphytum*)

聚合草 *Symphytum officinale* Linn.

　　多年生草本，丛生，高30~90cm，全株被向下稍弧曲的硬毛和短伏毛。基生叶通常50~80片，叶片带状披针形至卵形，长30~60cm，宽10~20cm，稍肉质，渐尖；茎中部和上部叶较小。花序含多数花；花萼裂至近基部；花冠长14~15mm，淡紫色、紫红色至黄白色，裂片三角形，喉部附属物披针形。小坚果歪卵形，黑色。

　　花期5~10月。

　　分布于保护区内椿木营等地，生山林地缘，常栽培。

紫草科 (Boraginaceae) 琉璃草属 (*Cynoglossum*)

琉璃草　*Cynoglossum furcatum* Wall.

草本。茎高50~100cm，有短毛。基生叶和下部叶有柄，矩圆形，长达25cm，宽达5cm，两面密生短柔毛或短糙毛；茎中部以上叶无柄，矩圆状披针形或披针形，长3~9cm，宽0.8~3cm。花序分枝成钝角叉状分开；花梗长1~1.5mm；花萼外面密生短毛；花冠淡蓝色，5裂，喉部有5个梯形附属物；雄蕊5。小坚果4，卵形，密生锚状刺。

花果期5~10月。

保护区内常见种，生海拔600~2000m林间草地、向阳山坡及路边。

根叶入药，治疮疖痈肿、跌打损伤、毒蛇咬伤、黄胆、痢疾、尿痛及肺结核咳嗽等。

马鞭草科 (Verbenaceae)　　　　　　　　　　　　　　　大青属 (*Clerodendrum*)

臭牡丹　*Clerodendrum bungei* Steud.

灌木，高1~2m，植株有臭味。叶对生，纸质，宽卵形或卵形，长8~20cm，宽5~15cm，顶端尖或渐尖，基部宽楔形、截形或心形，边缘具粗或细锯齿，表面散生短柔毛，背面疏生短柔毛和散生腺点或无毛，叶柄长4~17cm。房状聚伞花序顶生，花冠淡红色、红色或紫红色。核果近球形，成熟时蓝黑色。

花果期5~11月。

保护区内常见种，生于海拔2000m以下的山坡、林缘、沟谷、路旁、灌丛润湿处。

根、茎、叶入药，祛风解毒、消肿止痛。

马鞭草科（Verbenaceae）　　　　　　　　　　大青属（*Clerodendrum*）

海州常山　*Clerodendrum trichotomum* Thunb.

　　灌木或小乔木，高1.5~10m。叶片纸质，多卵形，长5~16cm，宽2~13cm，叶柄长2~8cm。伞房状聚伞花序顶生或腋生，通常二歧分枝，末次分枝着花3朵，花序长8~18cm，花序梗长3~6cm；花香，花冠白色或带粉红色，顶端5裂；雄蕊4；花柱较雄蕊短。核果近球形，成熟时外果皮蓝紫色。

　　花果期6~11月。

　　分布于保护区内长潭河、椿木营等地，海拔2000m以下的山坡灌丛中。

马鞭草科 (Verbenaceae)

马鞭草属 (*Verbena*)

马鞭草 *Verbena officinalis* Linn.

多年生草本，高30~120cm。叶片卵圆形至倒卵形或长圆状披针形，长2~8cm，基生叶的边缘通常有粗锯齿和缺刻，茎生叶多数3深裂，裂片边缘有不整齐锯齿，两面均有硬毛，背面脉上尤多。穗状花序顶生和腋生，花小，无柄，花冠淡紫至蓝色，裂片5，雄蕊4。果长圆形，成熟时4瓣裂。

花期6~8月，果期7~10月。

常见杂草，生于路边、山坡、溪边或林旁。

唇形科 (Labiatae)　　　　　　　　　　　　　　　　动蕊花属 (*Kinostemon*)

动蕊花　*Kinostemon ornatum* Hemsl.

　　多年生草本。茎直立，四棱形。叶具短柄，叶片卵圆状披针形至长圆状线形，长7~13cm，宽1.3~3.5cm，边缘具疏牙齿。轮伞花序2花，开向一面，多数组成顶生及腋生无毛的疏松总状花序叶。花冠紫红色，长11mm。雄蕊4，子房球形。小坚果长1mm。

　　花期6~8月，果期8~11月。

　　分布于保护区内长潭河、椿木营等地，海拔700~2000m的山地林下。

　　花可入药，具有辛凉解表、清热解毒等功效，可以治疗恶寒、头痛、体痛、咽痛等病症。

唇形科（Labiatae）　　　　　　　　　　　　黄芩属（*Scutellaria*）

异色黄芩　*Scutellaria discolor* Colebr.

多年生上升或直立草本。茎高5.5~38cm，密被微柔毛，常紫红色。茎叶常2~4对，密集于茎基如基生叶状，具短柄；叶片椭圆形至卵形，长1.5~7.4cm，宽1~4.8cm，两面被短柔毛，下面常带紫色。花互生或少数在花序下部者对生，组成背腹向、长5~24cm的总状花序；花冠紫色，长9~12mm。小坚果卵状椭圆形，具瘤，腹面中央有一小果脐。

花期6~11月，果实渐次成熟。

分布于保护区内长潭河等地，生林下、溪边或草坡，海拔600~1800m。

全草入药，治感冒高热等。

唇形科（Labiatae）　　　　　　活血丹属（*Glechoma*）

活血丹　*Glechoma longituba* (Nakai) Kupr.

多年生草本。叶草质，叶片心形或近肾形，长1.8~2.6cm，宽2~3cm，边缘具圆齿或粗锯齿状圆齿，上面被疏粗伏毛或微柔毛，下面常带紫色，被疏柔毛或长硬毛。轮伞花序通常2花。花萼管状，外面被长柔毛，齿5，上唇3齿，下唇2齿。花冠淡蓝、蓝至紫色，下唇具深色斑点。上唇直立，2裂，下唇伸长，3裂。成熟小坚果深褐色。

花期4~5月，果期5~6月。

保护区内常见种，生于林缘、溪边等阴湿处，海拔600~2000m。

全草入药，治膀胱结石或尿路结石；叶入药，治小儿惊厥、慢性肺炎。

唇形科 (Labiatae)　　　　　　　　　　　　　　　　活血丹属 (*Glechoma*)

狭萼白透骨消　*Glechoma biondiana* var. *angustituba* C. Y. Wu et C. Chen

　　多年生草本，植株高大，30cm以上，被稀疏的长柔毛。茎四棱形。叶草质，心脏形，长2~4.2cm，宽1.9~3.8cm，急尖，边缘具卵形粗圆齿。聚伞花序通常3花，呈轮伞花序。花萼狭。花冠粉红至淡紫色，上唇3齿，下唇2齿，长2~2.4cm。雄蕊4，花盘杯状。成熟小坚果长圆形，深褐色，具小凹点。

　　花期4~5月，果期5~6月。

　　分布于保护区内长潭河、椿木营等地，生于密林下。

唇形科 (Labiatae)　　　　　　　　　　筋骨草属 (*Ajuga*)

金疮小草　*Ajuga decumbens* Thunb.

　　一年或二年生草本，平卧或斜上升，具匍匐茎，全体略被白色长柔毛。叶柄具狭翅；叶片匙形或倒卵状披针形，长3~6cm，宽1.5~2.5cm，两面被疏糙伏毛。轮伞花序多花，排列成间断的假穗状花序；花萼漏斗状，10脉，齿5；花冠淡蓝色或淡红紫色，稀白色，檐部近二唇形，上唇直立，下唇伸延，中裂片狭扇形或倒心形。小坚果倒卵状三棱形。

　　花期3~7月，果期5~11月。

　　分布于保护区内长潭河等地，海拔600~1400m的溪边、草坡。

　　全草入药，治火眼、乳痈、咽喉炎、肠胃炎、急性结膜炎、烫伤、狗咬伤、毒蛇咬伤以及外伤出血等症。

唇形科（Labiatae）   龙头草属（*Meehania*）

梗花华西龙头草　*Meehania fargesii* var. *pedunculata* (Hemsl.) C. Y. Wu

多年生草本。茎高大粗壮，多分枝，不成匍匐茎。叶片纸质，心形至卵状心形或三角状心形，长2.8~6.5cm，宽2~4.5cm，先端短渐尖，基部心形，边缘具锯齿。聚伞花序通常具花在3枚以上，形成具明显的短或长梗的轮伞花序；花冠淡红至紫红色，长2.8~4.5cm，外面被极疏的短柔毛。坚果小。

花期4~6月，果期6月以后。

分布于保护区内长潭河等地，海拔1400~2000m的山地常绿林或针阔叶混交林内。

民间用全草入药，治腹泻。

唇形科 (Labiatae)　　　　　　　　　　　　　鼠尾草属 (*Salvia*)

丹参　*Salvia miltiorrhiza* Bunge

　　多年生草本；根肥厚，外红内白。茎高40~80cm，被长柔毛。叶常为单数羽状复叶；侧生小叶1~2对，卵形或椭圆状卵形，长1.5~8cm，两面被疏柔毛。轮伞花序6至多花，组成顶生或腋生假总状花序，密被腺毛及长柔毛；花萼钟状，外被腺毛及长柔毛，11脉，二唇形，下唇2裂；花冠紫蓝色，长2~2.7cm。小坚果椭圆形。

　　花期4~8月，花后见果。

　　保护区内常见种，生于海拔1300m以下的山坡、林下草丛或溪谷旁。

　　根入药，祛瘀、生新、活血、调经等，为妇科重要药材。

唇形科（Labiatae）　　　　　　　　　　　　　鼠尾草属（*Salvia*）

南川鼠尾草　*Salvia nanchuanensis* Sun

一年生或二年生草本，高20~65cm，茎单生或少数丛生，钝四棱形，密被平展白色长绵毛。叶茎生，大都为一回奇数羽状复叶，间有二回裂片，小叶卵圆形或披针形，长2~6.5cm，宽0.7~2.3cm。轮伞花序2~6花，组成顶生或腋生长6~15cm的总状花序。花萼筒形，深紫色。花冠紫红色，长0.9~3cm，长筒形。能育雄蕊2。小坚果椭圆形，褐色，无毛。

花期7~8月。

分布于保护区内沙道沟等地，海拔1800m以下。

唇形科 (Labiatae)   香薷属 (*Elsholtzia*)

香薷　*Elsholtzia ciliata* (Thunb.) Hyland.

一年生草本。茎高30~50cm，被倒向疏柔毛。叶片卵形或椭圆状披针形，长3~9cm，疏被小硬毛，下面满布橙色腺点；叶柄被毛。轮伞花序多花，组成偏向一侧、顶生的假穗状花序；苞片宽卵圆形，顶端针芒状，具睫毛，外近无毛而被橙色腺点；花萼钟状，外被毛，齿5；花冠淡紫色，外被柔毛，上唇直立，下唇3裂。小坚果矩圆形。

花期7~10月，果期10月至翌年1月。

分布于保护区内沙道沟、长潭河等地，生于路旁、山坡、荒地、河岸等。

全草入药，治急性肠胃炎、腹痛吐泻、中暑、头痛发热、霍乱、水肿、口臭等症。

唇形科（Labiatae）   野芝麻属（*Lamium*）

野芝麻　*Lamium barbatum* Sieb. et Zucc.

　　多年生直立草本。茎高达1m。叶片卵形、卵状心形至卵状披针形，长4.5~8.5cm，两面均被短硬毛；叶柄长1~7cm。轮伞花序4~14花，生于茎顶部叶腋内；苞片狭条形，具睫毛；花萼钟状，齿5，披针状钻形，具睫毛；花冠白色或淡黄色，长约2cm，上唇直伸，下唇3裂。小坚果倒卵形。

　　花期4~6月，果期7~8月。

　　常见种，生于路边、溪旁、田埂及荒坡上。

　　全草入药，治跌打损伤、小儿疳积；花入药，治子宫及泌尿系统疾患、白带及行经困难。

唇形科 (Labiatae)　　　　　　　　　　　　　　　益母草属 (*Leonurus*)

益母草　*Leonurus japonicus* Houtt.

一年生或二年生直立草本。茎高30~120cm，有倒向糙伏毛。茎下部叶轮廓卵形，掌状三裂，花序上的叶呈条形或条状披针形；叶柄长2~3cm至近无柄。轮伞花序轮廓圆形，径2~2.5cm，下有刺状小苞片；花萼筒状钟形；花冠粉红至淡紫红，长1~1.2cm。小坚果矩圆状三棱形。

花期通常在6~9月，果期9~10月。

常见杂草。

全草入药，多用于妇科病；子名茺蔚，可利尿，治眼疾。

唇形科（Labiatae）   紫苏属 （*Perilla*）

紫苏 *Perilla frutescens* (Linn.) Britt.

一年生草本。茎高30~200cm, 被长柔毛。叶片宽卵形或圆卵形，长7~13cm, 上面被疏柔毛，下面脉上被贴生柔毛；叶柄密被长柔毛。轮伞花序2花，组成顶生和腋生、偏向一侧、密被长柔毛的假总状花序，花萼钟状，下部被长柔毛，有黄色腺点；花冠紫红色或粉红色至白色，长3~4mm, 上唇微缺，下唇3裂。小坚果近球形。

花期8~11月，果期8~12月。

保护区内常见种。

叶入药，镇痛、镇静、解毒、治感冒；梗入药，平气安胎；子入药，镇咳、祛痰、平喘、发散精神之沉闷。

茄科 (Solanaceae)　　　　　　　　　　　　　　茄属 (*Solanum*)

白英　*Solanum lyratum* Thunb.

　　草质藤本，长0.5~1m，茎及小枝均密被具节长柔毛。叶互生，多数为琴形，长3.5~5.5cm，宽2.5~4.8cm，基部常3~5深裂，裂片全缘，中裂片较大，通常卵形，先端渐尖，两面均被白色发亮的长柔毛。聚伞花序顶生或腋外生，疏花，总花梗长约2~2.5cm，被具节的长柔毛，花冠蓝紫色或白色，直径约1.1cm，花冠筒隐于萼内。浆果球状，成熟时红黑色。

　　花期夏秋，果熟期秋末。

　　保护区内常见种，喜生于山谷草地或路旁、田边，海拔600~2000m。

　　全草入药，可治小儿惊风。果实入药，治风火牙痛。

茄科 (Solanaceae) 茄属 (*Solanum*)

龙葵 *Solanum nigrum* Linn.

　　一年生直立草本，高0.25~1m，茎无棱或棱不明显，绿色或紫色，近无毛或被微柔毛。叶卵形，长2.5~10cm，宽1.5~5.5cm，短尖，基部楔形至阔楔形而下延至叶柄，叶柄长约1~2cm。蝎尾状花序腋外生，由3~6花组成，萼小，浅杯状，花冠白色，筒部隐于萼内，5深裂。浆果球形，熟时黑色。

　　常见杂草，喜生于田边、荒地及村庄附近。

　　全草入药，散瘀消肿、清热解毒。

玄参科 (Scrophulariaceae)　　　　　　　　　沟酸浆属 (*Mimulus*)

沟酸浆 *Mimulus tenellus* Bunge

一年生披散草本，全体无毛。茎下部匍匐生根，长可达40cm，四方形，角处有窄翅。叶柄与叶片等长或略短；叶片三角状卵圆形至卵形，长1~3cm。花单朵腋生，花梗与叶柄近等长；花萼筒状钟形，具5棱，口平截，萼齿5枚，细小而尖；花冠黄色，略呈2唇形，裂片全缘；雄蕊4枚，二强。蒴果椭圆形。

花果期6~9月。

分布于保护区内长潭河等地，海拔700~1200m的水边、林下湿地。

玄参科（Scrophulariaceae）   沟酸浆属（*Mimulus*）

尼泊尔沟酸浆 *Mimulus tenellus* var. *nepalensis* (Benth.) Tsoong

　　一年生披散草本，全体无毛。茎下部匍匐生根，长可达40cm，四方形，角处有窄翅。叶柄与叶片等长或略短；叶片三角状卵圆形至卵形，长1~3cm。花单朵腋生，花梗与叶近等长；花萼较大，长1cm或更长，具5棱，口平截，萼齿5枚；花冠黄色，略呈2唇形，裂片全缘；雄蕊4枚，二强。蒴果椭圆形。

　　花果期6~9月。

　　分布于保护区内长潭河等地，生于海拔800~2000m的水边、湿地。

玄参科（Scrophulariaceae）　　　　　　　　　　　沟酸浆属（*Mimulus*）

四川沟酸浆　*Mimulus szechuanensis* Pai

多年生直立草本，高达60cm。茎四方形，角处有狭翅。叶卵形，长2~6cm，宽1~3cm，顶端锐尖，边缘有疏齿，羽状脉。花单生于茎枝近顶端叶腋，花梗长1~5cm；萼圆筒形，肋有狭翅，萼齿5；花冠长约2cm，黄色，喉部有紫斑，花冠筒稍长于萼，上下唇近等长。蒴果长椭圆形，稍扁，被包于宿存的萼内。

花期6~8月。

分布于保护区内长潭河等地，海拔1300~2000m的林下阴湿处、水沟边、溪旁。

玄参科（Scrophulariaceae）　　　　　　　　　　　马先蒿属（*Pedicularis*）

华中马先蒿　*Pedicularis fargesii* Franch

　　一年生或二年生草本，高达20~40cm。叶片卵状长圆形至椭圆状长圆形，长5~6cm，宽2.5~3.5cm，其中部以下为全裂，中部以上则为羽状深裂且轴有翅。花序顶生，约5~6花集成头状，苞片下部膜质而宽，上部叶状，有锐重锯齿；萼卵状短圆筒形，具有5条显著的主脉，齿5枚；花冠白色，长约20mm，管细长，下唇稍短于盔，裂片圆形。蒴果。

　　花期6~7月。

　　分布于保护区内椿木营、长潭河等地，海拔1200~2000m。

玄参科（Scrophulariaceae）　　　　　　　婆婆纳属（*Veronica*）

华中婆婆纳　*Veronica henryi* Yamazaki

植株高8~25cm。茎直立、上升或中下部匍匐，上部被细柔毛，常红紫色。叶4~6对，叶片薄纸质，卵形至长卵形，长2~5cm，宽1.2~3cm，顶端常急尖，边缘齿尖向叶顶。总状花序1~4对，侧生于茎上部叶腋，长3~6cm，有疏生的花数朵，花冠白色或淡红色，具紫色条纹；雄蕊略短于花冠。蒴果折扇状菱形。

花期4~5月。

保护区内常见种，生于海拔600~2000m的阴湿地。

玄参科（Scrophulariaceae ）　　　　　　　　　　　　　婆婆纳属（*Veronica*）

疏花婆婆纳　*Veronica laxa* Benth.

柄或具极短的叶柄，叶片卵形或卵状三角形，长2~5cm，宽1~3cm，边缘具深刻的粗锯齿，多为重锯齿。总状花序单支或成对，侧生于茎中上部叶腋；苞片宽条形或倒披针形；花萼裂片条状长椭圆形，花冠辐状，紫色或蓝色，直径6~10mm；雄蕊与花冠近等长。蒴果倒心形。

花期6月。

分布于保护区内椿木营等地，海拔1500~2000m的沟谷阴处或山坡林下。

玄参科（Scrophulariaceae）

通泉草属（*Mazus*）

匍茎通泉草　*Mazus miquelii* Makino

　　多年生草本。茎有直立茎和匍匐茎，直立茎上升，高10~15cm。基生叶匙形，有长柄，连柄长3~7cm，具粗齿或浅羽裂；茎生叶在直立茎上的多互生，在匍匐茎上的多对生，具短柄，匙形或近圆形，长1.5~4cm，具粗齿。总状花序顶生；花冠紫色或白色而有紫斑，长1.5~2cm。蒴果球形，稍伸出萼筒。

　　花果期2~8月。

　　保护区内常见种，生潮湿的路旁、荒地及疏林中。

紫葳科（Bignoniaceae） 凌霄属 (*Campsis*)

凌霄 *Campsis grandiflora* (Thunb.) Schum.

　　落叶木质藤本，气生根攀附于其它物上。叶对生，单数羽状；小叶7~9(~11)枚，卵形至卵状披针形，长4~6cm，边缘有齿缺，两面无毛。花序圆锥状，顶生；花大；花萼钟状，不等5裂，裂至筒之中部；花冠漏斗状钟形，裂片5，橘红色；雄蕊4枚；子房2室。蒴果长如豆荚，2瓣裂；种子多数，扁平，有透明的翅。

　　花期5~8月。

　　分布于保护区内沙道沟、长潭河等地，生山谷、小河边、疏林下；亦有庭园栽培。

　　花入药，通经利尿，可治跌打损伤等。

苦苣苔科 (Gesneriaceae)　　　　　　　　　　　半蒴苣苔属 (*Hemiboea*)

半蒴苣苔　*Hemiboea henryi* Clarke

　　多年生草本。叶对生；叶片椭圆形或倒卵状椭圆形，长4~22cm，宽2~11.5cm，顶端急尖或渐尖，基部下延，全缘或有波状浅钝齿，稍肉质。聚伞花序假顶生或腋生，具3~10余花；花序梗长1~7cm；总苞球形；花梗粗，无毛。萼片5。花冠白色，具紫色斑点，长约3.5~4cm，外面疏被腺状短柔毛；上唇2浅裂，下唇3深裂。花盘环状。蒴果线状披针形。

　　花期8~10月，果期9~11月。

　　分布于保护区内长潭河、椿木营等地，海拔600~2000m的山谷林下或沟边阴湿处。

　　全草入药，治喉痛、麻疹和烧烫伤。

苦苣苔科（Gesneriaceae）　　　　　　　　　　　半蒴苣苔属（*Hemiboea*）

柔毛半蒴苣苔　*Hemiboea mollifolia* W. T. Wang

　　多年生草本。叶对生，同一对叶不等大；叶片椭圆状卵形或长圆形，两侧常不相等，长3~15cm，宽1.1~6.4cm，渐尖，基部斜宽楔形，两面遍被柔毛，下面沿脉密生柔毛，叶柄被开展的柔毛。聚伞花序假顶生或腋生，常具3花；花梗长5~14m。花冠长3.7~4.2cm，粉红色，外面疏生腺状短柔毛；上唇2浅裂，下唇3浅裂，裂片半圆形。蒴果线状披针形。

　　花期8~10月，果期9~11月。

　　保护区内常见种，生于海拔600~1200m山谷石上。

苦苣苔科 (Gesneriaceae)　　　　　　　　　　半蒴苣苔属 (*Hemiboea*)

纤细半蒴苣苔　*Hemiboea gracilis* Franch.

多年生草本。叶对生, 倒卵状披针形或椭圆状披针形, 长3~15cm, 宽1.2~5cm, 全缘或具疏的波状浅钝齿, 基部楔形或狭楔形, 背面绿白色或带紫色。聚伞花序假顶生或腋生, 具1~3花; 花梗长2~5mm, 无毛; 萼片5。花冠粉红色, 具紫色斑点, 长3~3.8cm; 上唇2浅裂, 下唇3浅裂, 裂片半圆形。蒴果线状披针形。

花期8~10月, 果期10~11月。

保护区内常见种, 生于海拔600~1300m山谷阴处石上。

苦苣苔科 (Gesneriaceae)   粗筒苣苔属 (*Briggsia*)

鄂西粗筒苣苔   *Briggsia speciosa* (Hemsl.) Craib

多年生无茎草本。叶全部基生，具叶柄；叶片长圆形，长3~8cm，宽0.8~3.2cm，顶端钝，向基部渐窄而偏斜，边缘具齿，两面被白色贴伏柔毛，叶柄密被白色柔毛。聚伞花序，1~6条，每花序具1~2花。花冠粗筒状，紫红色，长3.8~5.3cm，外面疏生短柔毛，内面下唇一侧具两条黄褐色斑纹。蒴果线状披针形。

花期6~7月。

分布于保护区内长潭河、椿木营等地，海拔600~1600m的山坡阴湿岩石上。

苦苣苔科 (Gesneriaceae)　　　　　　　　　粗筒苣苔属 (*Briggsia*)

革叶粗筒苣苔 *Briggsia mihieri* (Franch.) Craib

　　多年生草本。叶片革质，狭倒卵形或椭圆形，长1~10cm，宽1~6cm，边缘具波状牙齿或小牙齿，两面无毛，叶柄盾状着生。聚伞花序2次分枝，腋生，1~6条，每花序具1~4花；苞片2；花梗细。花萼5裂至近基部。花冠粗筒状，下方肿胀，蓝紫色或淡紫色，长3.2~5cm，内面具淡褐色斑纹；下唇3浅裂。蒴果倒披针形。

　　花期10月，果期11月。

　　分布于保护区内椿木营等地，生于阴湿岩石上，海拔650~1700m。

　　全草入药，治跌打损伤。

苦苣苔科（Gesneriaceae）　　　　　　　　　　　吊石苣苔属（*Lysionotus*）

吊石苣苔　*Lysionotus pauciflorus* Maxim.

　　半灌木；茎长7~30cm。叶对生或3~5叶轮生；叶片革质，楔形、楔状条形，长1.2~5.5cm，宽3~16mm，边缘在中部以上有牙齿，无毛。花序腋生，有1~2花，花冠白色，常带紫色，长3.5~4.5cm，无毛，上唇2裂，下唇3裂。蒴果长7.5~9cm；种子小，有长珠柄，顶端有1长毛。

　　花期7~10月。

　　保护区内常见种，生于丘陵或山地林中或阴处石崖上或树上，海拔600~2000m。

　　全草入药，治跌打损伤。

苦苣苔科（Gesneriaceae）　　　　　　　　　　　异叶苣苔属（Whytockia）

白花异叶苣苔　*Whytockia tsiangiana* (Hand.-Mazz.) A. Weber

　　多年生草本。叶片薄草质或膜质，斜长圆形或卵状长圆形，长3.2~8.8cm，宽1~3cm，顶端急尖或渐尖，上面散生短柔毛，下面沿脉疏被短柔毛，叶柄长达5mm。花序长7cm，有2~5花；花序梗与花梗均被短腺毛。花冠白色，长约10mm，内面下部及下唇之下有疏柔毛；上唇2裂，下唇，3深裂。

　　花期8~10月。

　　分布于保护区内椿木营等地，海拔550~1300m的山谷水边石上或林下。

苦苣苔科（Gesneriaceae）　　　　　　　　　　　　蛛毛苣苔属（*Paraboea*）

蛛毛苣苔　*Paraboea sinensis* (Oliv.) Burtt

　　小灌木。叶对生，叶片长圆形、长圆状倒披针形或披针形，长5.5~25cm，宽2.4~9cm，顶端短尖、基部楔形或宽楔形，下面密被淡褐色毡毛，叶柄被褐色毡毛。聚伞花序伞状，成对腋生，具10余花；花序梗密被褐色毡毛；花梗具短绵毛。花萼5裂。花冠紫蓝色，长1.5~2cm，檐部广展，稍二唇形，上唇2裂，下唇3裂。蒴果线形，螺旋状卷曲。

　　花期6~7月，果期8月。

　　分布于保护区内长潭河、椿木营等地，生于山坡林下石缝中或陡崖上。

爵床科（Acanthaceae）　　　　　　　　　　　　白接骨属（*Asystasiella*）

白接骨　*Asystasiella neesiana* (Wall.) Nees

　　草本，具白色，富粘液；茎高达1m；略呈4棱形。叶卵形至椭圆状矩圆形，长5~20cm，顶端尖至渐尖，边缘微波状至具浅齿，基部下延成柄。总状花序或基部有分枝，顶生，长6~12cm；花单生或对生；苞片2；花萼裂片5；花冠淡紫红色，漏斗状，外疏生腺毛，花冠筒细长，裂片5。蒴果长18~22mm，上部具4粒种子，下部实心细长似柄。

　　保护区内常见种，生林下或溪边。

　　叶和根状茎入药，止血。

爵床科 (Acanthaceae)　　　　　　　　　　　　　　　　　　　观音草属 (*Peristrophe*)

九头狮子草　*Peristrophe japonica* (Thunb.) Bremek

　　草本，高20~50cm。叶卵状矩圆形，长5~12cm，宽2.5~4cm。花序顶生或腋生于上部叶腋，由2~8聚伞花序组成，每个聚伞花序下托以2枚总苞状苞片，花萼裂片5，钻形；花冠粉红色至微紫色，长2.5~13cm，外疏生短柔毛，2唇形，下唇3裂；雄蕊2。蒴果长1~1.2cm，疏生短柔毛，开裂时胎座不弹起，上部具4粒种子，下部实心。

　　低海拔广布种，生路边、草地或林下。

　　全草入药，能解表发汗等。

透骨草科 (Phrymaceae)　　　　　　　　　　透骨草属 (*Phryma*)

透骨草　*Phryma leptostachya* subsp. *asiatica* (Hara) Kitamura

　　多年生草本, 高30~80cm。茎直立, 4棱形, 具短柔毛。叶对生; 叶片卵状长圆形至卵状三角形或宽卵形, 草质, 长3~11cm, 宽2~8cm。穗状花序生茎顶及侧枝顶端; 花通常多数, 疏离, 花冠漏斗状筒形, 蓝紫色、淡红色至白色, 内面于筒部远轴面被短柔毛。瘦果狭椭圆形, 包藏于棒状宿存花萼内。

　　花期6~10月, 果期8~12月。

　　保护区内常见种, 生于海拔600~2000m的阴湿山谷或林下。

　　全草入药, 治感冒、跌打损伤, 外用治毒疮、湿疹、疥疮。

车前科 (Plantaginaceae)   车前属 (*Plantago*)

车前 *Plantago asiatica* Ledeb

多年生草本，高20~60cm，有须根。基生叶直立，卵形或宽卵形，长4~12cm，宽4~9cm，顶端圆钝，边缘近全缘、波状，或有疏钝齿，两面无毛或有短柔毛；叶柄长5~22cm。花葶数个，直立，长20~45cm，有短柔毛；穗状花序占上端1/3~1/2处，具绿白色疏生花；花冠裂片披针形。蒴果椭圆形，周裂。

花期4~8月，果期6~9月。

常见杂草，生路边、沟旁、田埂等处。

全草和种子入药，清热利尿。

茜草科 (Rubiaceae)　　　　　　　　　　**白马骨属 (*Serissa*)**

白马骨　*Serissa serissoides* (DC.) Druce

　　小灌木，高60~90cm，有臭气。叶革质，卵形至倒披针形，长6~22mm，宽3~6mm，顶端短尖至长尖，边全缘，无毛；叶柄短。花单生或数朵丛生于小枝顶部或腋生，有被毛、边缘浅波状的苞片；萼檐裂片细小，锥形，被毛；花冠淡红色或白色，长6~12mm，裂片扩展，顶端3裂；雄蕊突出冠管喉部外；花柱长突出，柱头2。

　　花期5~7月。

　　保护区内常见种，生于河溪边或杂木林内。

茜草科（Rubiaceae）　　　　　　　　　　　　　　　　　　粗叶木属（*Lasianthus*）

日本粗叶木　*Lasianthus japonicus* Miq.

　　灌木；枝和小枝无毛或嫩部被柔毛。叶近革质或纸质，长圆形，长9~15cm，宽2~3.5cm，顶端骤尖或骤然渐尖，基部短尖，下面脉上被贴伏的硬毛；叶柄长7~10mm，被柔毛或近无毛。花无梗，常2~3朵簇生在一腋生、很短的总梗上，苞片小；花冠白色，管状漏斗形，长8~10mm，里面被长柔毛，裂片5，近卵形。核果球形。

　　分布于保护区内椿木营、长潭河等地，海拔600~1800m处的林下。

茜草科（Rubiaceae）　　　　　　　　　　　　　　　**钩藤属**（*Uncaria*）

华钩藤　*Uncaria sinensis* (Oliv.) Havil.

　　光滑藤本；小枝四棱柱形；钩长约1.5cm，无毛。叶对生，膜质，椭圆形或卵状椭圆形，长10~14cm，宽5~8cm，基部宽楔尖；叶柄长10~12mm；托叶近圆形，全缘。头状花序单个腋生，球形，直径3~4cm；花5数；萼檐裂片狭长椭圆形，密被灰色小粗毛；花冠长1.2~1.4cm，仅裂片外面被粉末状柔毛。蒴果棒状，被疏毛，顶冠以短小萼檐裂片。

　　花、果期6~10月。

　　分布于保护区内椿木营、长潭河等地，海拔600~1800m。

　　钩入药，为镇静剂。

茜草科（Rubiaceae）   鸡矢藤属（*Paederia*）

鸡矢藤 *Paederia scandens* Linn.

藤本。叶对生，纸质或近革质，卵形、卵状长圆形至披针形，长5~9cm，宽1~4cm，顶端急尖或渐尖，基部楔形或近圆或截平，叶柄长1.5~7cm。圆锥花序式的聚伞花序腋生和顶生，花冠浅紫色，管长7~10mm，外面被粉末状柔毛，里面被绒毛。果球形，成熟时近黄色，有光泽，平滑。

花期5~7月。

保护区内常见种，生于海拔200~2000m的山坡、林缘、沟谷或缠绕在灌木上。

全草入药，主治风湿筋骨痛、跌打损伤、肝胆及胃肠绞痛、肠炎、痢疾、消化不良等；外用治皮炎、湿疹、疮疡肿毒。

茜草科 (Rubiaceae)　　　　　　　　　　　　　　拉拉藤属 (*Galium*)

四叶葎　*Galium bungei* Steud.

多年生丛生近直立草本，高达50cm，有红色丝状根。叶4片轮生，近无柄，卵状矩圆形至披针状长圆形，长0.8~2.5cm，顶端稍钝，中脉和边缘有刺状硬毛。聚伞花序顶生和腋生，稠密或稍疏散；花小，黄绿色，有短梗；花冠无毛。果爿近球状，通常双生，有小鳞片。

花期4~9月，果期5月翌年1月。

常见杂草，生于山地、丘陵、旷野、田间、灌丛等地。

全草入药，清热解毒、利尿、消肿；治尿路感染、痢疾、痈肿、跌打损伤。

茜草科 (Rubiaceae)   拉拉藤属 (*Galium*)

猪殃殃 *Galium aparine* var. *tenerum* (Gren. et Godr.) Rchb.

蔓生或攀缘状草本，植株矮小，柔弱；茎有4棱角；棱上、叶缘、叶脉上均有倒生的小刺毛。叶纸质或近膜质，6~8片轮生，带状倒披针形或长圆状倒披针形，长1~5.5cm，宽1~7mm，顶端有针状凸尖头，两面常有紧贴的刺状毛。花序常单花，花小，4数；花冠黄绿色或白色，辐状，裂片长圆形，镊合状排列。果干燥，有1或2个近球状的分果爿，密被钩毛。

花期3~7月，果期4~9月。

广布种，生于海拔2000m以下的山坡、旷野、沟边、林缘、草地。

全草入药，清热解毒、消肿止痛、利尿、散瘀；治尿血、跌打损伤、中耳炎等。

茜草科 (Rubiaceae)　　　　　　　　　　糯米团属 (*Gonostegia*)

糯米团　*Gonostegia hirta* (Bl.) Miq.

多年生草本，茎蔓生、铺地或渐升，上部带四棱形，有短柔毛。叶对生；叶片草质或纸质。宽披针形至狭披针形或椭圆形，长3~10cm，宽1.2~2.8cm，顶端长渐尖至短渐尖，基部浅心形或圆形，全缘，叶柄长1~4mm；托叶钻形。团伞花序腋生，常两性，雌雄异株，苞片三角形。雄蕊5。瘦果卵球形。

花期5~9月。

常见种，生于丘陵或低山林中、灌丛中、沟边草地，海拔600~1000m。

全草入药，治消化不良、食积胃痛等症；外用治血管神经性水肿、乳腺炎、外伤出血等。

茜草科 (Rubiaceae)   茜草属 (*Rubia*)

大叶茜草 *Rubia schumanniana* Pritzel

　　草本，高1m左右，茎和分枝均有4直棱和直槽。叶4片轮生，厚纸质至革质，披针形或卵形，长4~10cm，宽2~4cm，顶端渐尖或近短尖，基部阔楔形，仅上面脉上生钩状短硬毛。聚伞花序多具分枝，排成圆锥花序式，顶生和腋生，小苞片披针形，有缘毛；花小，直径约3.5~4mm；花冠白色或绿黄色，裂片通常5。浆果小，球状，黑色。

　　分布于保护区内椿木营等地，海拔1400~2000m的林下、路边等。

茜草科 (Rubiaceae)　　　　　　　　　　　　　　　　　　茜草属 (*Rubia*)

茜草　*Rubia cordifolia* Linn.

　　草质攀援藤本；根紫红色或橙红色；小枝有明显的4棱角，棱上有倒生小刺。叶4片轮生，纸质，卵形至卵状披针形，长2~9cm，宽可达4cm，顶端渐尖，基部圆形至心形，下面脉上和叶柄常有倒生小刺。聚伞花序通常排成大而疏松的圆锥花序状，腋生和顶生；花小，黄白色，5数；花冠辐状。浆果近球状，黑色或紫黑色，有1颗种子。

　　花期8~9月，果期10~11月。

　　广布种，常生于疏林、林缘、灌丛或草地上。

茜草科 (Rubiaceae)　　　　　　　　　　　　　　　　　蛇根草属 (*Ophiorrhiza*)

日本蛇根草　*Ophiorrhiza japonica* Bl.

　　直立、近无毛草本，高12~15cm。叶对生，膜质，卵形或卵状椭圆形，长2.5~8cm，顶端钝或钝渐尖，基部圆形或宽楔尖，叶柄长1~2.5cm，纤细。聚伞花序顶生，二歧分枝，分枝短，有花5~10朵；小苞片被毛，条形；花5数，具短梗；萼筒宽陀螺状球形；花冠漏斗状，稍具脉，长达1.7cm，里面被微柔毛；雄蕊内藏。蒴果菱形。
　　花期冬春，果期春夏。
　　分布于保护区内长潭河、椿木营等地，生于常绿阔叶林下的沟谷沃土上。

茜草科 (Rubiaceae)   香果树属 (*Emmenopterys*)

香果树 *Emmenopterys henryi* Oliv.

落叶大乔木，高达30m。叶对生，革质，宽椭圆形至宽卵形，长达20余cm，顶端急尖或骤然渐尖，托叶大，三角状卵形，早落。聚伞花序排成顶生大型圆锥花序状，常疏松；花大，黄色，5数，有短梗；花萼近陀螺状；花冠漏斗状，被绒毛。蒴果近纺锤状，成熟时红色。

花期6~8月，果期8~11月。

分布于保护区内椿木营等地，海拔600~1600m处的山谷林中，喜湿润而肥沃的土壤。

茜草科（Rubiaceae）新耳草属（*Neanotis*）

薄叶新耳草 *Neanotis hirsuta* (Linn. f.) Lewis

披散状匍匐草本。叶对生，膜质，卵形或椭圆形，长1~2cm，顶端短尖至渐尖，基部常稍下延；托叶下部宽而短，上部裂成刺毛状。花序腋生和顶生，有花2至数朵，密集呈头状，总花梗不分枝；花小，白色或微染红色，4数，近无梗；花冠筒状漏斗形，长4~5mm；花药微露出。果近球状。

分布于保护区内长潭河等地，生林下或山溪边的湿地上。

茜草科 (Rubiaceae)

新耳草属 (*Neanotis*)

臭味新耳草　*Neanotis ingrata* (Wall. ex Hook. f.) Lewis

　　多年生草本，高达1m。叶有短柄，薄纸质，长椭圆状披针形，长4~9cm，渐尖，两面均有短柔毛；托叶下部近三角形，刺毛状裂片长1~1.5cm。聚伞花序顶生，总花梗和分枝均有狭翅状棱角；花白色，无梗或有短梗；花冠长约5mm，冠管稍宽；花药露出。果近球状。

　　花期6~9月。

　　分布于保护区内椿木营等地，海拔1000m以上的山坡林内或河谷两岸草坡上。

茜草科（Rubiaceae）   玉叶金花属（*Mussaenda*）

黐花 *Mussaenda esquirolii* Makino

　　直立或藤状灌木；小枝被柔毛。叶膜质或薄纸质，宽卵形或宽椭圆形，长10~20cm，宽5~12cm，两面有疏柔毛，下面脉上毛较密；叶柄有毛；托叶卵状披针形，顶端常2裂。聚伞花序顶生；苞片叶状；花5数，具梗；萼筒陀螺状，裂片披针形，外面被短毛，花冠黄色，长1.4cm，裂片卵形，里面有污黄色粉末状绒毛。果肉质，近球形。

　　花期5~7月，果期7~10月。

　　分布于保护区内长潭河等地，海拔约600~1000m的山地疏林下或路边。

茜草科 (Rubiaceae)　　　　　　　　栀子属 (*Gardenia*)

栀子　*Gardenia jasminoides* Ellis

灌木，通常高1m余。叶对生或3叶轮生，革质，常椭圆状倒卵形或矩圆状倒卵形，长5~14cm，宽2~7cm，渐尖，稍钝头；托叶鞘状。花大，白色，芳香，有短梗，单生枝顶；萼全长2~3cm，裂片5~7；花冠高脚碟状，筒长通常3~4cm。果黄色，卵状至长椭圆状。

花期3~7月，果期5月至翌年2月。

分布于保护区内椿木营等地，海拔1500m以下的旷野、山坡、灌丛或林中。

果入药，消炎解热。

忍冬科 (Caprifoliaceae)　　　　　　　　　　　　　　　　荚蒾属 (*Viburnum*)

巴东荚蒾　*Viburnum henryi* Hemsl.

　　灌木或小乔木，常绿或半常绿，高达7m。冬芽有1对外被黄色簇状毛的鳞片。叶亚革质，倒卵状矩圆形至矩圆形或狭矩圆形，长6~10cm，叶边缘除中部以下处全缘外有浅的锐锯齿，齿常具硬凸头。圆锥花序顶生，花芳香；花冠白色，辐状，直径约6mm，裂片卵圆形。果实红色，后变紫黑色，椭圆形。

　　花期6月，果熟期8~10月。

　　分布于保护区内长潭河等地，海拔900~2000m的山谷密林中或湿润草坡上。

忍冬科 (Caprifoliaceae)　　　　　　　　　　荚蒾属 (*Viburnum*)

茶荚蒾　*Viburnum setigerum* Hance

　　灌木，高达3m，冬芽具2对外鳞片。叶卵状矩圆形，长7~12cm，顶端渐尖，下面近基部两侧有少数腺体。花序复伞形状，直径2.5~3.5cm；萼筒长约1.5mm，萼檐具5微齿；花冠白色，长约2.5mm，辐状，裂片长于花冠筒；雄蕊5。核果球状卵形，红色。

　　花期4~5月，果熟期9~10月。

　　分布于保护区内椿木营等地，生林下或灌丛中，海拔800~1300m。

忍冬科 (Caprifoliaceae)　　　　　　　　　　　　　　　英蒾属 (*Viburnum*)

蝴蝶戏珠花　*Viburnum plicatum* var. *tomentosum* (Thunb.) Miq.

落叶灌木，高达3m。叶较狭，宽卵形或矩圆状卵形。花序直径4~10cm，外围有4~6朵白色、大型的不孕花，具长花梗，花冠直径达4cm，不整齐4~5裂；中央可孕花直径约3mm，萼筒长约15mm，花冠辐状，黄白色，裂片宽卵形，雄蕊高出花冠，花药近圆形。果实先红色后变黑色。

花期4~5月，果熟期8~9月。

分布于保护区内沙道沟、椿木营等地，海拔600~1800m的山坡、山谷混交林内或沟谷灌丛中。

忍冬科（Caprifoliaceae）   荚蒾属（*Viburnum*）

桦叶荚蒾 *Viburnum betulifolium* Batal.

　　灌木至小乔木，高2~5m。叶卵形、宽卵形或近菱形，长4~13cm，顶端尖至渐尖，边有牙齿两面无毛或上面有叉毛，叶柄长0.8~2.5cm，有钻形托叶。花序复伞形状，直径5~11cm，近无毛至密生星状毛；花冠白色，长约3mm，辐状，外面无毛或有星状毛；雄蕊5。核果近球形，直径6~7mm，红色。

　　花期6~7月，果熟期9~10月。

　　分布于保护区内长潭河、椿木营等地，海拔1300~2000m的林下或灌丛中。

忍冬科 (Caprifoliaceae)   荚蒾属 (*Viburnum*)

荚蒾　*Viburnum dilatatum* Thunb.

　　灌木，高达3m。叶宽倒卵形至椭圆形，长3~9cm，顶端渐尖至骤尖，边有牙齿，上面疏生柔毛，下面近基部两侧有少数腺体和无数细小腺点，脉上常生柔毛或星状毛，叶柄长1~1.5cm。花序复伞形状，直径4~8cm；萼筒长约1mm，有毛至仅具腺点；花冠白色，辐状，长约2.5mm，无毛至生疏毛；雄蕊5。核果红色，椭圆状卵形。
　　花期5~6月，果熟期9~11月。
　　分布于保护区内长潭河、沙道沟等地，海拔100~1000m的山坡、林缘及山脚灌丛中。

忍冬科 (Caprifoliaceae)   荚蒾属 (*Viburnum*)

三叶荚蒾 *Viburnum ternatum* Rehd.

　　落叶灌木或小乔木，高可达6m；当年小枝茶褐色，二年生小枝黑褐色。叶3枚轮生，在较细弱枝上对生，皮纸质，卵状椭圆形至矩圆状倒卵形，长8~24cm；叶柄被簇状短毛。复伞形式聚伞花序松散，直径12~14cm，疏被簇状短毛，第一级辐射枝5~7条，花生于第二至第六级辐射枝上；花冠白色，辐状，直径约3mm。果实红色，宽椭圆状矩圆形。

　　花期6~7月，果熟期9月。

　　分布于保护区内椿木营等地，海拔650~1400m的山谷或山坡丛林或灌丛中。

忍冬科（Caprifoliaceae）   荚蒾属（*Viburnum*）

水红木　*Viburnum cylindricum* Buch.-Ham. ex D. Don

　　常绿灌木或小乔木，高达8m；枝带红色或灰褐色。冬芽有1对鳞片。叶革质，椭圆形至矩圆形或卵状矩圆形，长8~16cm，下面散生带红色或黄色微小腺点，叶柄长1~3.5cm。聚伞花序伞形式，顶圆形，直径4~10cm，第一级辐射枝通常7条，花通常生于第三级辐射枝上；花冠白色或有红晕，钟状，长4~6mm。果实先红色后变蓝黑色，卵圆形。

　　花期6~10月，果熟期10~12月.

　　分布于保护区内椿木营、长潭河等地，海拔500~2000m的阳坡疏林或灌丛中。

忍冬科 (Caprifoliaceae)　　　　　　　　　　　荚蒾属 (*Viburnum*)

烟管荚蒾　*Viburnum utile* Hemsl.

常绿灌木，高达2m；幼枝密被淡灰褐色星状毛。叶革质，椭圆状卵形至卵状矩圆形，长2~7cm，顶端钝，稀略尖，下面被灰白色星状毡毛。花序复伞形状，直径5~7cm，有星状毛，花冠白色，在未开放前略带粉红色，辐状，长约4mm；雄蕊5。核果椭圆形，长约7mm，先红熟黑。

花期3~4月，果熟期8月。

分布于保护区内椿木营、长潭河等地，海拔600~2000m的山坡、灌丛或林下。

忍冬科 (Caprifoliaceae)   荚蒾属 (*Viburnum*)

皱叶荚蒾　*Viburnum rhytidophyllum* Hemsl.

　　常绿灌木或小乔木，高达4m；全体多被厚绒毛。叶革质，卵状矩圆形至卵状披针形，长8~18cm，顶端稍尖或略钝，基部圆形或微心形，全缘或有不明显小齿。聚伞花序稠密，直径7~12cm，总花梗粗壮，长1.5~4cm，花冠白色，辐状，直径5~7mm。果实红色，后变黑色，宽椭圆形。

　　花期4~5月，果熟期9~10月.

　　分布于保护区内椿木营等地，海拔800~2000m的于山坡林下或灌丛中。

忍冬科 (Caprifoliaceae)　　　　　　　　　接骨草属 (*Sambucus*)

接骨草　*Sambucus chinensis* Lindl.

　　高大草本或半灌木, 高1~2m; 茎有棱条, 髓部白色。羽状复叶的托叶叶状, 小叶2~3对, 互生或对生, 狭卵形, 长6~13cm, 宽2~3cm, 先端长渐尖, 基部钝圆, 两侧不等, 边缘具细锯齿。复伞形花序顶生, 杯形不孕性花不脱落, 可孕性花小; 花冠白色, 花药黄色或紫色; 子房3室, 花柱极短, 柱头3裂。果实红色, 近圆形。

　　花期4~5月, 果熟期8~9月。

　　常见种, 生于海拔600~2000m的山坡、林下、沟边和草丛中, 亦有栽种。

　　全草入药, 有去风湿、通经活血、解毒消炎之功效。

忍冬科 (Caprifoliaceae)　　　　　　　　　　　　　　　锦带花属 (*Weigela*)

半边月　*Weigela japonica* var. *sinica* (Rehd.) Bailey

　　落叶灌木，高达6m。叶长卵形至卵状椭圆形，稀倒卵形，长5~15cm，宽3~8cm，顶端渐尖至长渐尖，边缘具锯齿，下面密生短柔毛；叶柄长8~12mm，有柔毛。单花或具3朵花的聚伞花序生于短枝的叶腋或顶端；花冠白色或淡红色，花开后逐渐变红色，漏斗状钟形，长2.5~3.5cm。果实长1.5~2cm，顶端有短柄状喙，疏生柔毛。

　　花期4~5月。

　　分布于保护区内椿木营、长潭河等地，生于海拔600~1800m的山坡林下、灌丛和沟边等地。

忍冬科 (Caprifoliaceae)　　　　　　　　　　　　　锦带花属 (*Weigela*)

日本锦带花　*Weigela japonica* Wall.

落叶灌木，高达6m。叶长卵形至卵状椭圆形，长5~15cm，宽3~8cm，顶端渐尖至长渐尖，基部阔楔形至圆形，边缘具锯齿，叶柄长8~12mm，有柔毛。单花或具3朵花的聚伞花序生于短枝的叶腋或顶端；花冠白色或淡红色，花开后逐渐变红色，漏斗状钟形，长2.5~3.5cm，外面疏被短柔毛或近无毛。果实长1.5~2cm，顶端有短柄状喙。

花期4~5月。

分布于保护区内椿木营等地。

忍冬科 (Caprifoliaceae)   六道木属 *(Abelia)*

二翅六道木 *Abelia uniflora* R. Br

　　落叶灌木，高1~2m。叶卵形至椭圆状卵形，长3~8cm，宽1.5~3.5cm，边缘具疏锯齿及睫毛，中脉及侧脉基部密生白色柔毛。聚伞花序常由未伸展的带叶花枝所构成，含数朵花，生于小枝顶端或上部叶腋；花大，长2.5~5cm；花冠浅紫红色，漏斗状，长3~4cm，裂片5，略呈二唇形；雄蕊4枚。果实长0.6~1.5cm，被短柔毛。

　　花期5~6月，果熟期8~10月。

　　分布于保护区内长潭河、沙道沟等地，生于海拔650~1000m的路边灌丛、溪边林下等处。

忍冬科 (Caprifoliaceae)　　　　　　　　忍冬属 (*Lonicera*)

金银忍冬　*Lonicera maackii* (Rupr.) Maxim.

　　灌木，高达5m。叶卵状椭圆形至卵状披针形，长5~8cm，顶端渐尖，两面脉上有毛；叶柄长3~5mm。总花梗短于叶柄，具腺毛；相邻两花的萼筒分离，萼檐长2~3mm，具裂达中部之齿；花冠先白后黄色，长达2cm，芳香，外面下部疏生微毛，唇形；雄蕊5，与花柱均短于花冠。浆果红色，直径5~6mm。

　　花期5~6月，果熟期8~10月。

　　常见种，生于林中或林缘溪流附近的灌木丛中，海拔达1800m。

忍冬科 (Caprifoliaceae)　　　　　　　　　　　　　　　　忍冬属 (*Lonicera*)

苦糖果 *Lonicera fragrantissima* subsp. *standishii* (Rehder) Q. E. Yang

　　落叶灌木。小枝和叶柄有时具短糙毛。叶卵形或卵状披针形，通常两面被刚伏毛及短腺毛或至少下面中脉被刚伏毛。花先于叶或与叶同时开放，花冠白色或淡红色，唇形，内生柔毛，基部有浅囊。雄蕊5。果鲜红色，矩圆形，部分连合。

　　花期1月下旬至4月上旬，果熟期5~6月。

　　分布于保护区内椿木营、长潭河等地，海拔600~2000m的向阳山坡、林中、灌丛中或溪涧旁。

忍冬科 (Caprifoliaceae)　　　　　　　　　　　　　　　　忍冬属 (*Lonicera*)

匍匐忍冬　*Lonicera crassifolia* Batal.

　　常绿匍匐灌木，高达1m；幼枝密被淡黄褐色卷曲短糙毛。冬芽有数对鳞片。叶革质，宽椭圆形至矩圆形，长1~3.5cm，两端稍尖至圆形，上面中脉有短糙毛外，叶柄有短糙毛和缘毛。双花生于小枝梢叶腋；花冠白色，筒带红色，后变黄色，长约2cm，内被糙毛，，唇瓣长约为筒的1/2，上唇直立，下唇反卷。果实黑色，圆形，直径5~6mm。

　　花期6~7月，果熟期10~11月．

　　分布于保护区内椿木营等地，海拔900~1700m溪沟旁或湿润的林缘岩壁或岩缝中。

忍冬科 (Caprifoliaceae)   忍冬属 (*Lonicera*)

蕊帽忍冬 *Lonicera pileata* (Oliv.) Franch.

　　常绿或半常绿灌木，高达1.5m；幼枝密生短糙毛。叶革质，卵形至矩圆状披针形或菱状矩圆形，长1~5cm，顶端钝。总花梗极短；杯状小苞包围2枚分离的萼筒，顶端为由萼檐下延而成的帽边状突起所覆盖；萼齿小而钝；花冠白色，漏斗状，长6~8mm，外被短糙毛和红褐色短腺毛，近整齐。果实透明蓝紫色，圆形。

　　花期4~6月，果熟期9~12月。

　　分布于保护区内长潭河等地，海拔600~1700m的山谷、疏林中潮湿处或山坡灌丛中。

忍冬科 (Caprifoliaceae)   双盾木属 (*Dipelta*)

双盾木   *Dipelta floribunda* Maxim.

　　落叶灌木或小乔木，高达6m。叶卵状披针形或卵形，长4~10cm，宽1.5~6cm，顶端尖或长渐尖，基部楔形或钝圆，全缘。聚伞花序簇生于侧生短枝顶端叶腋，2对小苞片形状、大小不等，紧贴萼筒的一对盾状，呈稍偏斜的圆形至矩圆形，花冠粉红色，长3~4cm，稍呈二唇形，花柱丝状。果实具棱角，连同萼齿为宿存而增大的小苞片所包被。

　　花期4~7月，果熟期8~9月。

　　分布于保护区内椿木营等地，生于海拔650~2100m的杂木林下或灌丛中。

忍冬科 (Caprifoliaceae)   绣球属 (*Hydrangea*)

莼兰绣球   *Hydrangea longipes* Franch.

　　灌木，高1~3m。叶膜质或薄纸质，阔卵形、长卵形或长倒卵形，长8~20cm，宽3.5~12cm，先端急尖或渐尖，基部截平、微心形或阔楔形，两侧稍不等长，边缘具不整齐的粗锯齿，叶柄被短疏柔毛。伞房状聚伞花序顶生，直径12~20cm，不育花白色，萼片4。孕性花白色，花瓣长卵形，先端急尖，早落；雄蕊10枚。蒴果杯状。

　　花期7~8月，果期9~10月。

　　分布于保护区内椿木营、长潭河等地，海拔1300~2000m山沟疏林或密林下。

败酱科 (Valerianaceae)　　　　　　　　　缬草属 (*Valeriana*)

柔垂缬草　*Valeriana flaccidissima* Maxim.

细柔草本，高20~80cm；根茎细柱状，具明显的环节；匍枝细长具有柄的心形或卵形小叶。基生叶与匍枝叶同形。茎生叶卵形，羽状全裂，裂片3~7枚；顶端裂片卵形或披针形，长2~4cm，宽1~2cm。花序顶生，伞房状聚伞花序。花淡红色，花冠长2.5~3.5mm。瘦果线状卵形，光滑。

花期4~6月，果期5~8月。

分布于保护区内长潭河等地，海拔 1000~2000m 的林缘、草地、溪边等潮湿处。

败酱科（Valerianaceae）　　　　　　　　　　缬草属（*Valeriana*）

蜘蛛香　*Valeriana jatamansi* Jones

植株高20~70cm；根茎粗厚，有浓烈香味；茎1至数株丛生。基生叶发达，叶片心状圆形至卵状心形，长2~9cm，宽3~8cm，边缘具疏浅波齿，叶柄长为叶片的2~3倍；茎生叶不发达，每茎2对，下部的心状圆形，上部的常羽裂。花序为顶生的聚伞花序，苞片和小苞片长钻形。花白色或微红色，杂性，柱头深3裂；两性花较大，长3~4mm。瘦果长卵形，两面被毛。

花期5~7月，果期6~9月。

分布于保护区内椿木营等地，海拔2000m以下草地、林中或溪边。

葫芦科 (Cucurbitaceae)　　　　　　　　　　　　　　赤瓟属 (*Thladiantha*)

鄂赤瓟 *Thladiantha oliveri* Cogn. ex Mottet

　　藤本，几无毛。卷须分2叉；叶柄长5~15cm；叶片宽卵状心形，长10~20cm，宽8~18cm，上面密布颗粒状小凸点而粗糙，边缘有小齿。雌雄异株；雄花6~10朵生于总花梗的上部呈总状花序，总花梗可长达20cm，花托宽钟状，花冠黄色，裂片卵状矩圆形，5脉，雄蕊5；雌花单生或双生，子房卵形，柱头3，2裂。果实卵球形。

　　花果期5~10月。

　　保护区内常见种，生长于海拔660~2000m的山坡路旁、灌丛或山沟湿地。

葫芦科（Cucurbitaceae） 　　　　　　　　　　　　赤瓟属（*Thladiantha*）

南赤瓟　*Thladiantha nudiflora* Hemsl. ex Forbes et Hemsl.

　　藤本，全体密生柔毛状硬毛；茎草质攀援状。卷须分2叉；叶柄长3~10cm；叶片质稍硬，宽卵状心形或近圆心形，上面粗糙且有毛，下面密生短柔毛状硬毛，边缘有具小尖头的锯齿，长5~12cm，宽4~11cm。雌雄异株；雄花生于总状花序上，花托短钟状，密生短柔毛，花冠黄色，雄蕊5；雌花单生，子房卵形，密生柔毛。果实红色，卵圆形。

　　春、夏开花，秋季成熟。

　　分布于保护区内椿木营、长潭河等地，海拔900~1700m的沟边、林缘或山坡灌丛中。

葫芦科 (Cucurbitaceae)　　　　　　　　　　　绞股蓝属 (*Gynostemma*)

绞股蓝 *Gynostemma pentaphyllum* (Thunb.) Makino

　　草质藤本。卷须分2叉或稀不分叉；叶鸟足状5~7小叶，叶柄长2~4cm，有柔毛；小叶片卵状矩圆形或矩圆状披针形，长4~14cm，边缘有锯齿。雌雄异株；雌雄花序均圆锥状，总花梗细，长10~20cm；花小，花梗短；花冠裂片披针形，长2.5mm；雄蕊5，柱头2裂。果实球形，直径5~8mm，熟时变黑色。

　　花期3~11月，果期4~12月。

　　保护区内常见种，生于海拔600~2000m的山谷林中、灌丛中或路旁草丛中。

葫芦科（Cucurbitaceae）   栝楼属（*Trichosanthes*）

两广栝楼　*Trichosanthes reticulinervis* C. Y. Wu ex S. K. Chen

　　大型攀援藤本，长可达6m。叶片革质，卵状至阔卵状心形，长15~20cm，宽10~18cm，渐尖，基部心形，弯缺深2~3cm。卷须5歧，被短柔毛。花雌雄异株。雄花排列成总状花序或狭圆锥花序，长约5~6cm，花冠白色，裂片扇形。雌花单生；花冠白色，裂片狭长圆形，子房卵形，密被灰色伸展的长柔毛。果实卵圆形，密被长柔毛。

　　花期5~6月，果期7~8月。

　　常见种，生于低海拔的山地疏林中。

葫芦科 (Cucurbitaceae) 栝楼属 (*Trichosanthes*)

中华栝楼 *Trichosanthes rosthornii* Harms

攀援藤本。叶片纸质，轮廓阔卵形至近圆形，长8~12cm，宽7~11cm，3~7深裂，裂片披针形，渐尖，叶基心形，弯缺深1~2cm，叶柄长2.5~4cm，具纵条纹，疏被微柔毛。卷须2~3歧。花雌雄异株。雄花单生或总状花序；花冠白色，裂片倒卵形。雌花单生，裂片和花冠同雄花。果实球形或椭圆形。

花期6~8月，果期8~10月。

分布于保护区内椿木营、沙道沟等地，海拔500~1850m的山谷密林中、灌丛中或草丛中。

湖北七姊妹山国家级自然保护区植物图鉴（下）

葫芦科（Cucurbitaceae） 雪胆属（*Hemsleya*）

雪胆 *Hemsleya chinensis* Cogn. ex Forbes et Hemsl.

多年生攀援草本。卷须线形，疏被短柔毛，先端2歧。趾状复叶由5~9小叶组成，小叶片卵状披针形或宽披针形，膜质，被短柔毛，边缘圆锯齿状。花雌雄异株。雄花：疏散聚伞总状花序或圆锥花序，花冠橙红色，由于花瓣反折围住花萼成灯笼状，雄蕊5。雌花：稀疏总状花序，花较大；花柱3，柱头2裂。果矩圆状椭圆形。

花期7~9月，果期9~11月。

分布于保护区内椿木营、长潭河等地，海拔1200~2000m的杂木林下或林缘沟边。

桔梗科 (Campanulaceae)　　　　　　　　　半边莲属 (*Lobelia*)

半边莲　*Lobelia chinensis* Lour.

多年生草本。茎细弱，匍匐，分枝直立，高6~15cm，无毛。叶互生，无柄或近无柄，椭圆状披针形至条形，长8~25cm，宽2~6cm，急尖，基部圆形至阔楔形。花通常1朵，生分枝的上部叶腋；花萼筒倒长锥状，花冠粉红色或白色，长10~15mm，背面裂至基部，喉部以下生白色柔毛。蒴果倒锥状，长约6mm。花果期5~10月。

分布于保护区内长潭河等地，生于水田边、沟边及潮湿草地上。

全草入药，清热解毒、利尿消肿，治毒蛇咬伤、肝硬化腹水、阑尾炎等。

桔梗科 (Campanulaceae)

半边莲属 (*Lobelia*)

铜锤玉带草 *Lobelia angulata* Forst.

多年生草本，有白色乳汁。茎被开展的柔毛，节上生根。叶互生，叶片圆卵形、心形或卵形，长0.8~1.6cm，宽0.6~1.8cm，先端钝圆或急尖，基部斜心形，边缘有牙齿。花单生叶腋；花冠紫红色、淡紫色、绿色或黄白色，长6~7mm，花冠筒外面无毛，内面生柔毛，檐部二唇形。果为浆果，紫红色，椭圆状球形。

分布于保护区内椿木营等地，生于田边、路旁、低山草坡或疏林中的潮湿地。

全草入药，治风湿、跌打损伤等。

桔梗科（Campanulaceae）　　　　　　　　　　　　　　　　袋果草属（*Peracarpa*）

袋果草　*Peracarpa carnosa* (Wall.) Hook. f. et Thoms.

纤细草本，茎肉质，长5~15cm，无毛。叶多集中于茎上部，具长3~15mm的叶柄，叶片膜质或薄纸质，卵圆形或圆形，长8~25mm，宽7~20mm，边缘波状；茎下部的叶疏离而较小。花梗细长而常伸直，花萼无毛，筒部倒卵状圆锥形；花冠白色或紫蓝色，裂片条状椭圆形。果倒卵状。

花期3~5月，果期4~11月。

保护区内常见种，生于海拔2000m以下的林下及沟边潮湿岩石上。

桔梗科 (Campanulaceae)　　　　　　　　　　　　党参属 (*Codonopsis*)

党参　*Codonopsis pilosula* (Franch.) Nannf.

　　茎基具多数瘤状茎痕，根常肥大呈纺锤状圆柱形。叶在主茎及侧枝上的互生，在小枝上的近于对生，叶片卵形或狭卵形，长1~6.5cm，宽0.8~5cm，端钝或微尖，基部近于心形。花单生于枝端，与叶柄互生或近于对生。花冠上位，阔钟状，长约1.8~2.3cm，黄绿色，内面有明显紫斑，浅裂，裂片正三角形。蒴果下部半球状，上部短圆锥状。

　　花果期7~10月。

　　保护区内常见种。

桔梗科 (Campanulaceae)　　　　　　　　党参属 (*Codonopsis*)

羊乳　*Codonopsis lanceolata* (Sieb. et Zucc.) Trautv.

　　藤本，茎缠绕，常有多数短细分枝，黄绿而微带紫色。叶在主茎上的互生，披针形或菱状狭卵形，长0.8~1.4cm，宽3~7mm；在小枝顶端通常2~4叶簇生，叶片菱状卵形、狭卵形或椭圆形，长3~10cm，宽1.3~4.5cm。花单生或对生于小枝顶端；花冠阔钟状，黄绿色或乳白色内有紫色斑。蒴果下部半球状，上部有喙。

　　花果期7~8月。

　　保护区内常见种，生于山地灌木林下沟边阴湿地区或阔叶林内。

桔梗科（Campanulaceae）　　　　　　　　　　　　　　桔梗属（*Platycodon*）

桔梗　*Platycodon grandiflorus* (Jacq.) A. DC.

　　多年生草本，茎高20~120cm。叶全部轮生，部分轮生至全部互生，无柄或有极短的柄，叶片卵形，卵状椭圆形至披针形，长2~7cm，宽0.5~3.5cm，急尖，基部宽楔形至圆钝，下面常无毛而有白粉。花单朵顶生，花冠大，长1.5~4.0cm，蓝色或紫色。蒴果球状，长1~2.5cm，直径约1cm。

　　花期7~9月。

　　分布于保护区内椿木营等地，海拔2000m以下的阳处草丛、灌丛中，少生于林下。

桔梗科 (Campanulaceae)　　　　　　　　　　　蓝花参属 (*Wahlenbergia*)

兰花参　*Wahlenbergia marginata* (Thunb.) A. DC.

　　多年生草本，高约10cm，有白色乳汁。根细长，外面白色，细胡萝卜状。叶互生，常在茎下部密集，下部的匙形，倒披针形或椭圆形，上部的条状披针形或椭圆形，长1~3cm，宽2~8mm。花梗极长，细而伸直，长可达15cm；花萼无毛；花冠钟状，蓝色，长5~8mm，分裂达2/3，裂片倒卵状长圆形。蒴果倒圆锥状或倒卵状圆锥形。

　　花果期2~5月。

　　分布于保护区内沙道沟等地，生于低海拔的田边、路边和荒地中。

　　根入药，治小儿疳积、痰积和高血压等症。

菊科（Compositae）　　　　　　　　　　　　　　　火石花属（*Gerbera*）

大丁草　*Gerbera anandria* (L.) Turcz.

多年生草本，植株具春秋二型之别。叶基生，莲座状，长2~6cm，宽1~3cm，顶端钝圆，具短尖头，边缘具齿，深波状或琴状羽裂，叶柄被白色绵毛。头状花序单生于花葶顶端，倒锥形，直径10~15mm。两性花花冠管状二唇形，长6~8cm，外唇阔，具3齿，内唇2裂丝状。瘦果纺锤形，具纵棱，被白色粗毛。

花期春、秋二季。

分布于保护区内椿木营等地，海拔650~2000m的山顶、荒坡、沟边或风化的岩石上。

菊科 (Compositae) 蒿属 (*Artemisia*)

白苞蒿 *Artemisia lactiflora* Wall. ex DC.

多年生草本。茎直立，高60~120cm。叶形多变异，长7~18cm，宽5~12cm，一次或二次羽状深裂，中裂片又常三裂，裂片有深或浅锯齿，顶端渐尖。头状花序极多数，在枝端排列成复总状花序；总苞卵形，总苞片白色或黄白色，约4层，卵形，边缘宽膜质；花浅黄色，外层雌性，内层两性。瘦果矩圆形，长达1.5mm，无毛。

花果期8~11月。

分布于保护区内椿木营等地，多生于林缘、灌丛、山谷等湿润或略为干燥地区。

全草入药，清热解毒、止咳消炎、活血散瘀、通经等作用，用于治肝、肾疾病等。

菊科 (Compositae) 　　　　　　　　　　　　　　　　　　和尚菜属 (*Adenocaulon*)

和尚菜　*Adenocaulon himalaicum* Edgew.

　　茎直立，高30~100cm。根生叶或有时下部的茎叶花期凋落；下部茎叶肾形或圆肾形，长5~8cm，宽7~12cm，基部心形，顶端急尖或钝，边缘有不等形的波状大牙齿，齿端有突尖，下面密被蛛丝状毛。头状花序排成圆锥状花序，花梗被白色绒毛。雌花白色，长1.5mm，两性花淡白色。瘦果棍棒状，被多数头状具柄的腺毛。

　　花果期6~11月。

　　分布于保护区内椿木营等地，生河岸、湖旁、峡谷、阴湿密林下。

菊科 (Compositae)   蓟属 (*Cirsium*)

等苞蓟 *Cirsium fargesii* (Franch.) Diels

多年生草本，茎直立，高达100cm，被毛。中下部茎叶较大，全形宽披针形或披针形，长20~30cm，宽7~8cm，羽状半裂；边缘大小不等三角形刺齿。全部茎叶两面异色，上面绿色，无毛，下面浅灰白色，被蛛丝状薄绒毛。头状花序少数。总苞宽钟状，宽约4cm。总苞片约4层，镊合状排列，顶端有短针刺，边缘无针刺。小花淡紫色。瘦果不成熟。

花期7月。

分布于保护区内椿木营等地。

菊科（Compositae）

金挖耳属（*Carpesium*）

小花金挖耳 *Carpesium minum* Hemsl.

　　多年生草本，高15~45cm。茎直立，常紫色。下部叶矩圆状披针形或卵状披针形，长6~10cm，宽10~15mm，上部叶渐小，披针形或条状披针形，全缘。头状花序小，直径3~5mm，直立或有时下垂；头状花序基部常有2~3个不等长的小苞片。瘦果近圆柱状，顶端有短喙，有腺点。

　　保护区内常见种，生于山坡草丛中及水沟边，海拔800~1400m。

菊科（Compositae）   千里光属（*Senecio*）

林荫千里光　*Senecio nemorensis* Lorey & Duret

多年生草本，具多数被绒毛的纤维状根。基生叶和下部茎叶在花期凋落；中部茎叶多数，近无柄，长圆状披针形，长10~18cm，宽2.5~4cm，上部叶渐小，线状披针形至线形，无柄。头状花序具舌状花，多数，在茎端或枝端或上部叶腋排成复伞房花序。舌状花8~10，管部长5mm；舌片黄色，线状长圆形，顶端具3细齿，具4脉；管状花15~16，花冠黄色。瘦果圆柱形，无毛。

花期6~12月。

分布于保护区内椿木营等地，海拔700~2000m的林中开旷处、草地或溪边。

菊科（Compositae）　　　　　　　　　　　　　　千里光属（*Senecio*）

千里光　*Senecio scandens*

　　多年生攀援草本。根状茎木质。叶具柄，披针形至狭三角形，边缘具牙齿，羽状脉。头状花序多数，排成顶生大型复聚伞圆锥花序；总苞圆柱状钟形；总苞片条状披针形，具3脉；舌状花8~10，黄色，长圆形，花冠黄色。瘦果圆柱形，被柔毛，冠毛白色。

　　花期8月至翌年4月。

菊科 (Compositae)　　　　　　　　　　　　兔儿风属 (*Ainsliaea*)

宽叶兔儿风　*Ainsliaea latifolia* (D. Don) Sch.-Bip.

　　多年生草本。茎高30~60cm，直立，多少被蛛丝状绵毛。叶基生，卵形或心形，长4~7cm，宽3~4cm，顶端急尖或渐尖，基部急狭成具宽翅的叶柄，上面被疏长毛，下面被白色绒毛，叶柄与叶片近等长。头状花序多数，长约1cm，排成较宽短的穗状花序，具披针形小苞叶；每个头状花序有3小花，花冠白色或带紫色。瘦果倒披针形，被绢状软毛，淡褐色。

　　花期4~10月。

　　分布于保护区内长潭河等地，海拔1300~1800m的山地林下或路边。

菊科 (Compositae)　　　　　　　　　　　　　　　　　　　　　　兔儿风属 (*Ainsliaea*)

杏香兔儿风　Ainsliaea fragrans Champ.

　　多年生草本。茎直立，高25~60cm，被褐色长柔毛。叶聚生于茎的基部，莲座状或呈假轮生，叶片厚纸质，卵形、狭卵形或卵状长圆形，长2~11cm，宽1.5~5cm，下面被较密的长柔毛，脉上尤甚。头状花序通常有小花3朵。花全部两性，白色，开放时具杏仁香气，花冠管纤细。瘦果棒状圆柱形或近纺锤形，栗褐色，略压扁。

　　花期11~12月。

　　分布于保护区内沙道沟等地，生于山坡灌木林下或路旁、沟边草丛中。

　　全草入药，清热解毒、利尿散结，治肺病吐血、跌打损伤等。

菊科 (Compositae)　　　　　　　　　　　　　兔儿伞属 (*Syneilesis*)

兔儿伞　*Syneilesis aconitifolia* (Bunge) Maxim.

多年生草本。叶通常2,疏生;下部叶具长柄;叶片盾状圆形,直径20~30cm,掌状深裂;裂片7~9,每裂片再次2~3浅裂;中部叶较小,直径12~24cm;裂片通常4~5。其余的叶呈苞片状,披针形,向上渐小。头状花序多数,在茎端密集成复伞房状。小花8~10,花冠淡粉白色,长10mm,管部窄,长3.5~4mm,檐部窄钟状,5裂。瘦果圆柱形,无毛。

花期6~7月,果期8~10月。

分布于保护区内长潭河等地,海拔500~1800m的山坡荒地、林缘或路旁。

根及全草入药,具祛风湿、舒筋活血、止痛之功效,可治腰腿疼痛、跌打损伤等症。

菊科（Compositae）　　　　　　　　　　　　　　　　豨莶属（*Siegesbeckia*）

豨莶　*Siegesbeckia orientalis* L.

一年生草本，高30~100cm，全株被灰白色短柔毛；茎直立，上部分枝常成复二叉状。基部叶在花期枯萎；中部叶纸质，三角状卵形或卵状披针形，长4~10cm，宽1.8~6.5cm；上部叶渐小，卵状长圆形。头状花序多数，排成顶生具叶的圆锥花序，花序梗密被短柔毛；雌花花冠舌状，黄色；两性花花冠管状。瘦果倒卵形，有4棱，无毛。

花期4~9月。果期6~11月。

常见杂草，生于山野、荒草地、灌丛、林缘及林下，也常见于耕地中。

全草供药用，解毒、镇痛、平降血压，治全身酸痛、四肢麻痹。

菊科 (Compositae)　　　　　　　　　　　　　　　　　　豨莶属 (*Siegesbeckia*)

腺梗豨莶　*Siegesbeckia pubescens* (Makino) Makino

一年生草本。茎直立，高30~110cm。基部叶卵状披针形，花期枯萎；中部叶卵圆形或卵形，长3.5~12cm，宽1.8~6cm；上部叶渐小。头状花序径约18~22mm，多数生于枝端，排列成松散的圆锥花序；花梗密生紫褐色头状具柄腺毛和长柔毛。舌状花花冠管部长1~1.2mm，舌片先端2~3齿裂；两性管状花长约2.5mm，冠檐钟状，先端4~5裂。瘦果倒卵圆形，4棱。

花期5~8月，果期6~10月。

常见杂草，生于山坡、山谷林缘、溪边、旷野、耕地边等。

菊科（Compositae）   下田菊属（*Adenostemma*）

下田菊　*Adenostemma lavenia* (Linn.) O. Kuntze

　　一年生草本，高30~100cm。茎直立，被白色短柔毛。基部的叶花期生存或凋萎；中部的茎叶较大，长椭圆状披针形，长4~12cm，宽2~5cm，沿脉有较密的毛，上部和下部的叶渐小。头状花序小，在假轴分枝顶端排列成松散伞房状或伞房圆锥状花序。花冠长约2.5mm，有5齿，被柔毛。瘦果倒披针形，熟时黑褐色。

　　花果期8~10月。

　　分布于保护区内椿木营等地，生长于水边、路旁、柳林沼泽地、林下及山坡灌丛中。海拔460~2000m。

菊科 (Compositae)　　　　　　　　　　　　　香青属 (*Anaphalis*)

香青　*Anaphalis sinica* Hance

　　根状茎细或粗壮,木质。茎直立,被白色或灰白色棉毛,全部有密生的叶。下部叶在下花期枯萎。中部叶长圆形,长2.5~9cm,宽0.2~1.5cm,全部叶上面被蛛丝状棉毛。莲座状叶被密棉毛,顶端钝或圆形。头状花序多数或极多数,密集成复伞房状或多次复伞房状。雌株头状花序有多层雌花;雄株花托头状。花序全部有雄花。瘦果长0.7~1mm。

　　花期6~9月,果期8~10月。

　　保护区内常见种,生于低山或亚高山灌丛、草地、山坡和溪岸等。

菊科（Compositae）　　　　　　　　　　　　　香青属（*Anaphalis*）

珠光香青　*Anaphalis margaritacea* (L.) A.Gray

茎高30~60cm，叶线状披针形，长5~9cm，宽0.3~0.8cm，基部稍狭，半抱茎，边缘稍反卷，上面被蛛丝状毛，后常脱毛，下面被灰白色或浅褐色厚棉毛，有在下面凸起的中脉，常有近边缘的两侧脉；总苞长6~8mm，径8~13mm。

常见种，生于亚高山或低山草地、石砾地、山沟及路旁。

菊科 (Compositae)

旋覆花属 (*Inula*)

湖北旋覆花 *Inula hupehensis* (Ling) Ling

多年生草本。茎从膝曲的基部直立或斜升,高30~50cm。叶长圆状披针形至披针形,长6~10cm,宽1.5~2.5cm。头状花序单生于枝端,直径2.5~3.5cm。总苞半球形。舌状花较总苞长3倍,舌片黄色,线形;管状花花冠长约3mm,有披针形裂片。瘦果近圆柱形,顶端截形,有10条深陷的纵沟,无毛。

花期6~8月,果期8~9月。

分布于保护区内椿木营等地,海拔1300~1900m的林下和山坡草地。

菊科 (Compositae)

野茼蒿属 (*Crassocephalum*)

野茼蒿 *Crassocephalum crepidioides* (Benth.) S. Moore

直立草本，高20~120cm，茎有纵条棱，叶膜质，椭圆形或长圆状椭圆形，长7~12cm，宽4~5cm，渐尖，基部楔形，边缘有不规则锯齿或重锯齿；叶柄长2~2.5cm。头状花序数个在茎端排成伞房状，直径约3cm，总苞钟状，总苞片1层，线状披针形，花冠红褐色或橙红色。瘦果狭圆柱形，赤红色。

花期7~12月。

常见杂草，生长于海拔600~1800m的山坡路旁、水边、灌丛等地。

全草入药、健脾、消肿，治消化不良、脾虚浮肿等症。

6

单子叶植物

泽泻科（Alismataceae）

慈姑属（*Sagittaria*）

野慈姑 *Sagittaria trifolia* Linn.

多年生直立水生草本。有纤匍枝，枝端膨大成球茎。叶具长柄，长20~40cm；叶形变化极大，常为戟形，宽或窄，连基部裂片长5~40cm，宽0.4~13cm。花葶同总状花序高10~50cm；总状花序，花3~5朵为一轮，单性；外轮花被片3，片状，卵形；内轮花被片3，花瓣状，白色；雄蕊多枚；心皮多数。瘦果斜倒卵形，背腹两面有翅。

花果期，5~10月。

分布于保护区内椿木营、沙道沟等地，生于湖泊、池塘、沼泽、水田等水域。

禾本科 (Gramineae)　　　　　　　　　　　　　　淡竹叶属 (*Lophatherum*)

淡竹叶　*Lophatherum gracile* Brongn.

　　多年生，具木质根头。叶片披针形，长6~20cm，宽1.5~2.5cm，具横脉，基部收窄成柄状。圆锥花序长12~25cm；小穗线状披针形，长7~12mm，宽1.5~2mm；颖顶端钝，具5脉，内稃较短；不育外稃向上渐狭小，互相密集包卷，顶端具长约1.5mm的短芒；雄蕊2枚。颖果长椭圆形。

　　花果期6~10月。

　　分布于保护区内长潭河、椿木营等地，生于山坡、林缘等处。

　　叶入药，清凉解热。

禾本科 (Gramineae)　　　　　　　　　　　狼尾草属 (*Pennisetum*)

狼尾草　*Pennisetum alopecuroides* (L.) Spreng.

　　多年生草本。叶鞘光滑, 两侧压扁, 主脉呈脊; 叶舌具长约2.5mm纤毛; 叶片线形, 长10~80cm, 宽3~8mm。圆锥花序直立, 长5~25cm, 宽1.5~3.5cm; 主轴密生柔毛; 总梗长2~3mm; 刚毛粗糙, 淡绿色或紫色, 长1.5~3cm; 小穗通常单生; 第一颖微小或缺, 膜质, 先端钝; 第二颖卵状披针形; 鳞被2, 楔形; 雄蕊3。颖果长圆形, 长约3.5mm。

　　花果期夏秋季。

　　常见杂草, 多生于海拔50~2000m的田岸、荒地、道旁。

禾本科 (Gramineae)　　　　　　　　　　　　　　　　　　求米草属 (*Oplismenus*)

求米草　*Oplismenus undulatifolius* (Ard.) Roem. & Schult.

一年生草本。秆纤细，节处生根，上升部分高20~50cm。叶片扁平，披针形至卵状披针形，长2~8cm，宽5~18mm，先端尖，基部略圆形而稍不对称，通常具细毛。圆锥花序长2~10cm，小穗卵圆形，被硬刺毛，颖草质，第一颖长约为小穗之半，具3~5脉；第二颖较长于第一颖，具5脉；第一外稃草质，具7~9脉，第二外稃革质，边缘包着同质的内稃。

花果期7~11月。

分布于保护区内椿木营等地，生于疏林下阴湿处。

禾本科 (Gramineae)　　　　　　　　　　　　燕麦属 (*Avena*)

野燕麦　*Avena fatua* Linn.

　　一年生。秆高30~150cm。叶片宽4~12mm。圆锥花序开展，长10~25cm；小穗长18~25mm，含2~3小花，其柄弯曲下垂；颖几等长，9脉；外稃质地硬，下半部与小穗轴均有淡棕色或白色硬毛，第一外稃长15~20mm；芒自外稃中部稍下处伸出，长2~4cm，膝曲。颖果被淡棕色柔毛，腹面具纵沟，长6~8mm。

　　花果期4~9月。

　　常见杂草，广布种。

天南星科（Araceae）   **独角莲属**（*Typhonium*）

独角莲 *Typhonium giganteum* (Engl.) Cusimano & Hett.

块茎倒卵形，卵球形或卵状椭圆形，大小不等，外被暗褐色小鳞片，有7~8条环状节，颈部周围生多条须根。叶与花序同时抽出。叶片幼时内卷如角状，后即展开，箭形，长15~45cm，宽9~25cm，基部箭状，后裂片叉开成70度的锐角。佛焰苞紫色，管部圆筒形或长圆状卵形。雄花无柄。雌花：子房圆柱形，胚珠2；柱头无柄，圆形。

花期6~8月，果期7~9月。

分布于保护区内椿木营等地，生于荒地、山坡、水沟旁，海拔通常在1500m以下。

块茎入药，祛风散湿、镇痉，治头痛、破伤风、跌打劳伤、肢体麻木、中风、淋巴结核等。

天南星科（Araceae）

磨芋属（*Amorphophallus*）

磨芋　*Amorphophallus konjac* (Makino) Makino

　　块茎扁圆形，直径达25cm。先花后叶，叶1枚，具3小叶，小叶2歧分叉，裂片再羽状深裂，小裂片椭圆形至卵状矩圆形；叶柄长40~80cm，青绿色，有暗紫色或白色斑纹，花葶长50~70cm；佛焰苞卵形，下部呈漏斗状筒形，外面绿色而有紫绿色斑点，里面黑紫色；肉穗花序几乎2倍长于佛焰苞，下部具雌花，上部具雄花，附属体圆柱形。

　　花期4~6月，果8~9月成熟。

　　保护区内常见种，生于疏林下、林椽或溪谷两旁湿润地。

　　块茎入药，解毒消肿，炙后健胃、消饱胀。全株有毒，以块茎为最。

天南星科（Araceae）　　　　　　　　　　　　　　　天南星属（*Arisaema*）

灯台莲　*Arisaema bockii* Engl.

　　多年生草本。块茎扁球形，直径2~3cm。鳞叶2，膜质；叶2，叶片鸟足状5裂，叶柄长20~30cm，下面1~2鞘筒状。花序柄通常短于叶柄或几等长，佛焰苞淡绿色至暗紫色，具淡紫色条纹，管部漏斗状，檐部卵状披针形。肉穗花序单性，雄花序圆柱形，花疏；雌花序近圆锥形，花密。浆果黄色，长圆锥状。种子卵圆形，具柄。

　　花期5月，果期8~9月。

　　分布于保护区内椿木营等地。

天南星科（Araceae）   天南星属（*Arisaema*）

花南星   *Arisaema lobatum* Engl.

　　块茎近球形，直径1~4cm。鳞叶膜质，线状披针形，叶1或2，叶柄长17~35cm，下部1/2~2/3具鞘，黄绿色，有紫色斑块，形如花蛇；叶片3全裂。佛焰苞外面淡紫色，管部漏斗状，喉部无耳，斜截形，骤狭为檐部；檐部披针形，深紫色或绿色。肉穗花序单性。雄花具短柄，花药2~3，青紫色，顶孔纵裂。子房倒卵圆形。浆果有种子3枚。

　　花期4~7月，果期8~9月。

　　保护区内常见种，生于林下、草坡或荒地。

　　块茎入药，治眼睛蛇咬伤、疟疾。

天南星科（Araceae）   天南星属（*Arisaema*）

全缘灯台莲 *Arisaema sikokianum* Franch. et Savat.

块茎扁球形，直径2~3cm，鳞叶2，内面的披针形，膜质。叶2，叶柄长20~30cm，下面1/2鞘筒状；叶片鸟足状5裂，全缘。佛焰苞淡绿色至暗紫色，具淡紫色条纹，管部漏斗状，喉部边缘近截形，无耳；檐部卵状披针形至长圆披针形。肉穗花序单性，雄花序圆柱形，近无柄。雌花序近圆锥形，花密。果序圆锥状。

花期5月，果8~9月成熟。

分布于保护区内长潭河等地。

天南星科（Araceae）

天南星属（*Arisaema*）

一把伞南星 *Arisaema erubescens* (Wall.) Schott

　　块茎扁球形，直径可达6cm，表皮黄色。鳞叶绿白色、粉红色、有紫褐色斑纹。叶1，叶柄中部以下具鞘；叶片放射状分裂，披针形至椭圆形，长8~24cm，宽6~35mm，具线形长尾。佛焰苞绿色，背面有清晰的白色条纹。肉穗花序单性。雄花具短柄，淡绿色、紫色至暗褐色。果序柄下弯或直立，浆果红色。

　　花期5~7月，果9月成熟。

　　保护区内常见种，海拔2000m以下的林下、灌丛、草坡、荒地均有生长。

鸭跖草科 (Commelinaceae)   杜若属 (*Pollia*)

杜若   *Pollia japonica* Thunb.

　　多年生草本。茎直立或上升，高30~80cm。叶鞘无毛；叶片长椭圆形，长10~30cm，宽3~7cm，基部楔形，顶端长渐尖。蝎尾状聚伞花序长2~4cm，常多个成轮排列，形成数个疏离的轮，花序总梗长15~30cm，各级花序轴和花梗被相当密的钩状毛；总苞片披针形；萼片3枚；花瓣白色，倒卵状匙形，长约3mm；雄蕊6枚全育。果球状，果皮黑色。

　　花期7~9月。果期9~10月。

　　分布于保护区内椿木营、长潭河等地，海拔1200m以下的山谷林下。

　　全草入药，治蛇虫咬伤及腰痛。

鸭跖草科 (Commelinaceae)　　　　　　　　竹叶吉祥草属 (*Spatholirion*)

竹叶吉祥草　*Spatholirion longifolium* (Gagnep.) Dunn

　　多年生缠绕草本。根须状，数条，粗壮。茎长达3m。叶片披针形至卵状披针形，长10~20cm，宽1.5~6cm，顶端渐尖，叶柄长1~3cm。圆锥花序总梗长达10cm；总苞片卵圆形。花无梗；萼片草质；花瓣紫色或白色，略短于萼片。蒴果卵状三棱形，顶端有芒状突尖。

　　花期6~8月，果期7~9月。

　　分布于保护区内长潭河、椿木营等地。

鸭跖草科 (Commelinaceae)　　　　　　　　　　　　　　紫露草属 (*Tradescantia*)

白花紫露草　*Tradescantia fluminensis* Vell.

　　多年生常绿草本。茎匍匐，光滑，长可达60cm，带紫红色晕，有略膨大节，节处易生根。叶互生，长圆形或卵状长圆形，先端尖，下面深紫堇色，仅叶鞘上端有毛，具白色条纹。花小，多朵聚生成伞形花序，白色，为2叶状苞片所包被。

　　花期夏、秋季。

　　分布于保护区内沙道沟等地。

　　全草入药，活血、利水、消肿散结、解毒。

灯心草科 (Juncaceae)　　　灯心草属 (*Juncus*)

灯芯草　*Juncus effusus* Linn.

多年生草本，高27~91cm。茎丛生，淡绿色，具纵条纹，茎内充满白色的髓心。叶全部为低出叶，呈鞘状或鳞片状，包围在茎的基部。聚伞花序假侧生，含多花，排列紧密或疏散；花被片线状披针形，长2~2.7mm，宽0.8mm，顶端锐尖，背脊增厚突出，黄绿色，边缘膜质，外轮者稍长于内轮；雄蕊3枚。蒴果长圆形或卵形，黄褐色。

花期4~7月，果期6~9月。

常见种，生于海拔2000m的浅水中或水旁湿润处。

茎内白色髓心入药，利尿、清凉、镇静。

百部科（Stemonaceae）

百部属（*Stemona*）

大百部 *Stemona tuberosa* Lour.

多年生攀援草本，长可达5m。茎上部缠绕。叶通常对生，广卵形，长8~30cm，宽2.5~10cm，先端锐尖或渐尖，基部浅心形，全缘或微波状，叶脉7~11条；叶柄长4~6cm。花腋生；花下具一披针形的小苞片；花被片4，披针形，黄绿色，有紫色脉纹。蒴果倒卵形而扁。

花期5~6月，果期7~8月。

分布于保护区内椿木营、长潭河等地。

块根入药，止咳、清肺热。

百合科 (Lilyaceae)　　　　　　　　　　　　　　　　菝葜属 (*Smilax*)

白背牛尾菜　*Smilax nipponica* Miq.

　　多年生草本，稍攀援，有根状茎。茎长20~100cm，中空，有少量髓。叶卵形至矩圆形，长4~20cm，宽2~14cm，渐尖，基部浅心形至近圆形，下面苍白色且通常具粉尘状微柔毛。伞形花序通常有几十朵花；花绿黄色或白色，花被片分离，盛开时花被片外折；雌花与雄花大小相似，具6枚退化雄蕊。浆果直径6~7mm，熟时黑色，有白色粉霜。

　　花期4~5月，果期8~9月。

　　保护区内常见种。

百合科（Lilyaceae）   菝葜属（*Smilax*）

黑叶菝葜 *Smilax nigrescens* Wang et Tang ex P. Y. Li

攀援灌木。茎长达2m，枝条多少具棱。叶纸质，卵状披针形或卵形，长3.5~9.5cm，宽1.5~5cm，先端渐尖，基部近圆形至浅心形，下面通常苍白色；叶柄长6~12mm，约占全长的1/2~2/3具狭鞘，一般有卷须。伞形花序具几朵至10余朵花；花绿黄色，内外花被片相似，长约2.5mm，宽约1mm；雌花与雄花大小相似。浆果直径6~8mm，成熟时蓝黑色。

花期4~6月，果期9~10月。

分布于保护区内长潭河等地，生于海拔900~2000m的林下、灌丛或山坡阴处。

百合科（Lilyaceae）   百合属（*Lilium*）

卷丹 *Lilium tigrinum* Ker Gawl.

鳞茎宽卵状球形，直径4~8cm；鳞茎瓣宽卵形，长2cm，宽2.5cm，白色。茎高0.8~1.5m，具白色绵毛。叶为矩圆状披针形至披针形，长3~7.5cm，宽1.2~1.7cm；上部叶腋常有球形的黑色珠芽。花3~6朵或更多，橙红色，下垂；花梗具白色绵毛；花被片6，反卷，内面具紫黑色斑点。蒴果长圆形，长3~4cm。

花期7~8月，果期9~10月。

保护区内常见，生于海拔600~2000m的山坡灌木林下、路边或水旁，多栽培。

百合科 (Lilyaceae)　　　　　　　　　　　　　　　　　　　　百合属 (*Lilium*)

野百合　*Lilium brownii* F.E.Br. ex Miellez

　　鳞茎球形，直径2~4.5cm；鳞片披针形，白色。叶散生，通常自下向上渐小，披针形、窄披针形至条形，长7~15cm，宽1~2cm，全缘。花单生或几朵排成近伞形；花梗长3~10cm，稍弯；苞片披针形；花喇叭形，有香气，乳白色，外面稍带紫色，无斑点，向外张开或先端外弯而不卷，长13~18cm。蒴果矩圆形，有棱，具多数种子。

　　花期5~6月，果期9~10月。

　　常见种，生荒地路旁及山谷草地，海拔1500m以下。

　　全草入药，清热解毒、消肿止痛、破血除瘀等，治风湿麻痹、跌打损伤等。

百合科 (Lilyaceae)　　　　　　　　　　贝母属 (*Fritillaria*)

湖北贝母　*Fritillaria hupehensis* Hsiao et K.C.Hsia

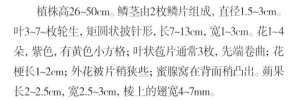

　　植株高26~50cm。鳞茎由2枚鳞片组成, 直径1.5~3cm。叶3~7~枚轮生, 矩圆状披针形, 长7~13cm, 宽1~3cm。花1~4朵, 紫色, 有黄色小方格; 叶状苞片通常3枚, 先端卷曲; 花梗长1~2cm; 外花被片稍狭些; 蜜腺窝在背面稍凸出。蒴果长2~2.5cm, 宽2.5~3cm, 棱上的翅宽4~7mm。

　　花期4月, 果期5~6月。

　　分布于保护区内椿木营等地。

百合科 (Lilyaceae)   葱属 (*Allium*)

宽叶韭 *Allium hookeri* Thwaites

鳞茎圆柱状，具粗壮的根；鳞茎外皮白色，膜质，不破裂。叶条形至宽条形，宽5~10mm，具明显的中脉。花葶侧生，圆柱状，高20~60cm，下部被叶鞘；总苞2裂，常早落；伞形花序近球状，；小花梗纤细；花白色，密集，星芒状开展；子房倒卵形；花柱比子房长；柱头点状。

花果期8~19月。

分布于保护区内椿木营等地，生于海拔1500~2000m的湿润山坡或林下。

百合科 (Lilyaceae)　　　　　　　　　　　　大百合属 (*Cardiocrinum*)

大百合　*Cardiocrinum giganteum* (Wall.) Makino

多年生草本，小鳞茎3~6个。茎直立，中空，高1~2m，直径2~3cm，全株无毛。叶纸质，网状脉；叶卵状心形，向上渐小。总状花序有花10~16朵，无苞片；花白色，里面具淡紫红色条纹；花被片条状倒披针形，长12~15cm，宽1.5~2cm。蒴果近球形，3瓣裂。种子扁钝三角形，具翅。

花期6~7月，果期9~10月。

分布于保护区内椿木营、长潭河等地。

百合科 (Lilyaceae)　　　　　　　　　　　　　　大百合属 (*Cardiocrinum*)

荞麦叶大百合　*Cardiocrinum cathayanum* (Wilson) Stearn

　　多年生草本。茎高50~150cm，直径1~2cm。叶纸质，卵状心形，长10~22cm，宽6~16cm，叶柄长6~20cm，基部扩大。总状花序有花3~5朵；花梗短而粗，每花具一枚苞片；苞片矩圆形；花狭喇叭形，乳白色或淡绿色，内具紫色条纹；花被片条状倒披针形，长13~15cm，宽1.5~2cm。蒴果近球形，种子扁平具翅。

　　花期7~8月，果期8~9月。

　　保护区内常见种。

百合科（Lilyaceae）

粉条儿菜属（*Aletris*）

粉条儿菜 *Aletris spicata* (Thunb.) Franch.

植株具多数须根，根毛局部膨大。叶簇生，纸质，条形，长10~25cm，宽3~4mm，先端渐尖。花葶高40~70cm，有棱，密生柔毛，总状花序长6~30cm，疏生多花；苞片2枚，窄条形；花梗极短，有毛；花被黄绿色，上端粉红色，外面有柔毛。蒴果倒卵形，有棱角，密生柔毛。

花期4~5月，果期6~7月。

分布于保护区内沙道沟、长潭河等地，海拔550~2000m的山坡、路边、灌丛或草地上。

根入药，润肺止咳、杀蛔虫、消疳。

百合科 (Lilyaceae)　　　　　　　　　　　　　　　　黄精属 (*Polygonatum*)

多花黄精　*Polygonatum cyrtonema* Hua

　　根状茎肥厚，通常连珠状或结节成块，直径1~2cm。茎高50~100cm，通常具10~15枚叶。叶互生，椭圆形至矩圆状披针形，长10~18cm，宽2~7cm，先端尖至渐尖。花序具2~7花，伞形，总花梗长1~4cm，花梗长0.5~1.5cm；苞片微小；花被黄绿色，全长18~25mm，裂片长约3mm。浆果黑色，具3~9颗种子。

　　花期5~6月，果期8~10月。

　　分布于保护区内长潭河等地，生林下、灌丛或山坡阴处，海拔500~2000m。

百合科 (Lilyaceae)

吉祥草属 (*Reineckia*)

吉祥草 *Reineckea carnea* (Andrews) Kunth

　　多年生常绿草本。株高约20cm，地下根茎匍匐，节处生根。叶呈带状披针形，每簇有4~8枚，叶长10~38cm，宽0.5~3.5cm，先端渐尖。穗状花序长2~6.5cm，花内白色外紫红色，稍有芳香，雄蕊短于花柱，上部的花有时仅具雄蕊，果鲜红色，球形。

　　花期7~11月。

　　保护区内广布种。

百合科（Lilyaceae）　　　　　　　　　　　　　　　　　开口箭属（*Tupistra*）

开口箭　*Campylandra chinensis* (Baker) M. N. Tamura, S. Yun Liang et Turland

　　根状茎长圆柱形。叶基生，4~8枚，倒披针形、条状披针形或条形，长15~35cm，宽1.5~5.5cm，近革质，全缘。穗状花序侧生，长2.5~5cm，多花；苞片绿色；花短钟状，花被片6，下部合生，花被筒长2~2.5mm，裂片卵形，肉质，黄色或黄绿色，雄蕊6，子房近球形，花柱不明显，柱头3裂。浆果圆形，紫红色。

　　花期4~6月，果期9~11月。

　　分布于保护区内椿木营等地，海拔1000~2000m的林下荫湿处、溪边或路旁。

百合科 (Lilyaceae)　　　　　　　　　　　鹿药属 (*Smilacina*)

鹿药　*Maianthemum japonicum* (A. Gray) La Frankie

　　植株高30~60cm。茎中部以上或仅上部具粗伏毛，具4~9叶。叶纸质，卵状椭圆形，长6~13cm，宽3~7cm，先端近短渐尖，具短柄。圆锥花序长3~6cm，有毛，具10~20余朵花；花单生，白色；花梗长2~6mm；花被片分离或仅基部稍合生。浆果近球形，熟时红色，具1~2颗种子。

　　花期5~6月，果期8~9月。

　　分布于保护区内长潭河等地，海拔900~1950m的林下荫湿处或岩缝中。

百合科（Lilyaceae）　　　　　　　　　　　　　　　　　　　鹿药属（*Smilacina*）

少叶鹿药　*Maianthemum stenolobum* (Franch.) S. C. Chen et Kawano

植株高10~15cm；根状茎细长，粗2~3mm。茎无毛，具3~5叶。叶卵形或卵状椭圆形，长3~4.5cm，宽1.8~2.6cm。通常为总状花序，具3~11朵花；花序长2.5~11cm，花单生，淡绿色或稍带紫色；花梗长2~12mm；花被片仅基部合生，窄披针形；花柱极短，柱头3深裂；子房球形。浆果近球形，熟时红色。

花期5~6月，果期8~10月。

分布于保护区内椿木营等地，生于林下、沟谷或草坡，海拔2000m以下。

百合科（Lilyaceae）

鹿药属（*Smilacina*）

管花鹿药 "*Smilacina henryi* (Baker) Wang et Tang

　　株高50~80cm，茎中部以上有短硬毛或微硬毛。叶纸质，椭圆形或矩圆形，长9~22cm，宽3.5~11cm，先端渐尖。花淡黄色或带紫褐色，单生，常排成总状花序，有时基部具1~2个分枝而成圆锥花序；花序长3~17　　cm，有毛；花梗长1.5~5mm，有毛；花被高脚碟状，筒部长6~10mm，为花被全长的2/3~3/4，裂片开展；雄蕊生于花被筒喉部，花丝通常极短；柱头3裂。浆果球形，熟时红色。

　　花期5~6月，果期8~10月。

　　分布于保护区内长潭河等地，海拔约1000~1500m。

百合科 (Lilyaceae)　　　　　　　　　　　　　　　　　山麦冬属 (*Liriope*)

阔叶山麦冬　*Liriope muscari* (Decne.) L. H. Bailey

　　根细长，分枝多。叶基生，密集成丛，禾叶状，长25~65cm，宽1~3.5cm，革质，具9~11条脉。花葶通常长于叶，长45~100cm；总状花序轴长25~40cm，具许多花；花4~8朵簇生于苞片腋内；苞片近刚毛状；花梗长4~5mm；花被片6，顶端钝，长约3.5mm，紫色或红紫色；雄蕊6；子房近球形，三裂。种子球形。

　　花期7~8月，果期9~11月。

　　保护区内常见种，生于海拔1400m以下的山地、山谷林下或潮湿处。

百合科 (Lilyaceae)　　　　　　　　　　天门冬属 (*Asparagus*)

羊齿天门冬　*Asparagus filicinus* Ham. ex D. Don

　　直立草本，通常高50~70cm。根成簇，纺锤状膨大，膨大部分长短不一。茎近平滑，分枝通常有棱。叶状枝每5~8枚成簇，扁平，镰刀状，长3~15mm，宽0.8~2mm；鳞片状叶基部无刺。花每1~2朵腋生，淡绿色，有时稍带紫色；花梗纤细；雌花和雄花近等大或略小。浆果直径5~6mm，有2~3颗种子。

　　花期5~7月，果期8~9月。

　　分布于保护区内椿木营等地，海拔1200~2000m的丛林下或山谷阴湿处。

百合科 (Lilyaceae)　　　　　　　　　　　　　　　万年青属 (*Rohdea*)

万年青　*Rohdea japonica* (Thunb.) Roth

　　根状茎粗1.5~2.5cm。叶3~6枚，厚纸质，矩圆形、披针形或倒披针形，长15~50cm，宽2.5~7cm，急尖，基部稍狭，绿色；鞘叶披针形。花葶短于叶，长2.5~4cm；穗状花序长3~4cm，宽1.2~1.7cm；具几十朵密集的花；苞片卵形；花被长4~5mm，宽6mm，淡黄色，裂片厚；花药卵形。浆果直径，熟时红色。

　　花期5~6月，果期9~11月。

　　分布于保护区内沙道沟等地，生林下潮湿处或草地上，海拔750~1700m。

　　全草入药，清热解毒、散瘀止痛。

百合科 (Lilyaceae)　　　　　　　　万寿竹属 (*Disporum*)

宝铎草　*Disporum sessile* (Thunb.) D.Don ex Schult. & Schult.f.

　　根状茎肉质，簇生。茎直立，高30~80cm，上部具叉状分枝。叶薄纸质至纸质，多矩圆形，长4~15cm，宽1.5~5cm。花黄色、绿黄色或白色，1~3朵着生于分枝顶端；花梗长1~2cm；花被片近直出，倒卵状披针形，长2~3cm，下部渐窄，内面有细毛，边缘有乳头状突起。浆果椭圆形或球形，具3颗种子。

　　花期3~6月，果期6~11月。

　　分布于保护区内长潭河等地，生林下或灌木丛中，海拔600~2000m。

　　根状茎入药，益气补肾、润肺止咳。

百合科 (Lilyaceae)　　　　　　　　　　　　　　万寿竹属 (*Disporum*)

大花万寿竹　*Disporum megalanthum* Wang et Tang

根状茎短，肉质，粗2~3mm。茎直立，高30~60cm。叶纸质，卵形、椭圆形或宽披针形，长6~12cm，宽2~5cm，渐尖，基部近圆形，边缘有乳头状突起。伞形花序有花4~8朵，着生在茎和分枝顶端；花梗长1~2cm，有棱；花大，白色；花被片斜出，狭倒卵状披针形；雄蕊内藏，柱头3裂。浆果直径6~15mm，具4~6颗种子。

花期5~7月，果期8~10月。

保护区内常见种，生林下、林缘或草坡上，海拔2000m以下。

百合科 (Lilyaceae)

万寿竹属 (*Disporum*)

短蕊万寿竹 *Disporum bodinieri* (H. Lévl. et Vant.) Wang et Tang

根状茎短，根较细而质硬。茎高25~60cm。叶纸质或厚纸质，椭圆形至卵形，长2~5cm，宽1~3cm，先端急尖或有小尖头，基部圆形。伞形花序有花2~6朵，通常生于茎和分枝的顶端；花梗有棱和乳头状突起；花被片绿黄色，长7~13mm，有棕色腺点和微毛，边缘有乳头状突起；雄蕊内藏，子房倒卵形，柱头3裂。浆果直径6~9mm。

花期5~7月，果期8~10月。

分布于保护区内沙道沟等地，生灌丛中或林下。

百合科 (Lilyaceae)　　　　　　　　　　　　　　　万寿竹属 (*Disporum*)

万寿竹　*Disporum cantoniense* (Lour.) Merr.

　　根状茎横出，质地硬，呈结节状。茎高50~150cm。叶纸质，披针形至狭椭圆状披针形，长5~12cm，宽1~5cm，先端渐尖至长渐尖，基部近圆形。伞形花序有花3~10朵；花梗长2~4cm，稍粗糙；花紫色；花被片斜出，倒披针形，长1.5~2.8cm，宽4~5mm，边缘有乳头状突起；雄蕊内藏。浆果直径8~10~mm。

　　花期5~7月，果期8~10月。

　　保护区内常见种，生灌丛中或林下，海拔700~2000m。

　　根状茎入药，益气补肾、润肺止咳。

百合科 (Lilyaceae)　　　　　　　　　　　　萱草属 (*Hemerocallis*)

小黄花菜　*Hemerocallis minor*

　　多年生草本, 须根粗壮, 根一般较细, 不膨大。叶基生, 条形, 长 20~60 cm, 宽3~14mm。花葶多个, 长于叶或近等长, 常具1~2花; 花被黄或淡黄色, 花梗很短, 苞片近披针形, 长8~25mm, 宽3~5mm; 花被管通常长1~2.5 cm, 花被裂片长4.5~6 cm。蒴果椭圆形或矩圆形, 长2~3cm。

　　花期6~7月, 果期7~9月。

　　分布于保护区内沙道沟等地, 多栽培观赏。

百合科（Lilyaceae）

萱草属（*Hemerocallis*）

萱草 *Hemerocallis fulva* (Linn.) Linn.

　　多年生草本，根状茎粗短，具肉质纤维根，多数膨大呈长纺锤形。叶基生成丛，条形，长30~60cm，宽约2.5cm，。花橘黄色，花葶高达1m以上；圆锥花序顶生，花6~12朵；花长7~12cm，花被基部粗短漏斗状，花被6片，向外反卷；子房上位。

　　花果期为5~7月。

　　保护区内常见种。

百合科 (Lilyaceae)　　　　　　　　　　　沿阶草属 (*Ophiopogon*)

西南沿阶草　*Ophiopogon maire* Lévl.i

　　多年生常绿草本，根末端常有膨大纺锤形的小块根。叶丛生，近禾叶状，长20~40cm，宽7~14mm，常具9条脉，边缘具细齿。花葶较叶短，长10~15 cm，总状花序长5~7 cm；花1~2朵着生于苞片腋内，花被片卵形，长4~5 mm，白色或蓝色；花丝明显；花药卵形，花柱稍粗短。种子椭圆形或卵圆形，蓝灰色。

　　花期5~7月。

　　分布于保护区内椿木营、长潭河等地。

百合科 (Lilyaceae)　　　　　　　　　　　　　　　　沿阶草属 (*Ophiopogon*)

异药沿阶草　*Ophiopogon heterandrus* Wang et Dai

　　根细长。叶2~4枚簇生，矩圆形至狭矩圆形，长4.5~6.5cm，宽1~1.6cm，急尖，基部渐狭，叶柄长5~8cm，最初下部包以膜质的鞘，后来鞘脱落。总状花序生于茎先端叶簇中，具3~4朵花；花单生于苞片腋内；苞片披针形；花梗长6~8mm；花被片三角状披针形，长7~8mm，白色，开花时向外卷。

　　花期7月。

　　分布于保护区内长潭河等地，海拔1200~1500m的林下。

百合科 (Lilyaceae) 油点草属 (*Tricyrtis*)

油点草 *Tricyrtis macropoda* Miq.

多年生草本，高可达1m。全株密生短的糙毛。叶卵状椭圆形，长6~19cm，宽4~10cm，先端急尖。二歧聚伞花序顶生或生于上部叶腋，花梗长1.4~3cm；花疏散；花被片绿白色或白色，内面具多数紫红色斑点，卵状椭圆形至披针形，长约1.5~2cm，开放后自中下部向下反折；外轮3片较内轮为宽；柱头3裂。蒴果直立，长约2~3cm。花果期6~10月。

分布于保护区内椿木营、长潭河等地，较常见。

百合科 (Lilyaceae)　　　　　　　　　　　　　玉簪属 (*Hosta*)

紫萼　*Hosta ventricosa* (Salisb.) Stearn

　　多年生草本，根状茎粗0.3~1cm。叶卵状心形，长8~19cm，宽4~17cm，先端通常近短尾状或骤尖，基部心形或近截形，侧脉7~11对，叶柄长6~30cm。花葶高60~100cm，具10~30朵花；苞片矩圆状披针形，白色，膜质；花单生，长4~5.8cm，盛开时从花被管向上漏斗状扩大，紫红色。蒴果圆柱状，有三棱。

　　花期6~7月，果期7~9月。

　　保护区内常见种。

百合科 (Lilyaceae)   重楼属 (*Paris*)

禄劝花叶重楼 *Paris luquanensis* H. Li

多年生矮小草本；茎高6~23cm，淡绿色，紫色。叶4~6枚，倒卵形、倒卵状长圆形、菱形、倒卵状披针形，长3.2~9.5cm，宽2~6cm，先端骤狭后急尖或短渐尖。花基数4~6，和叶数一致。萼片披针形、卵状披针形，花瓣丝状，黄色，斜举，长2~5cm，雄蕊2轮，花丝淡黄色，长2.5~6mm，子房青紫色或绿色，倒卵形。果深紫色或绿色。

花期5~6月，果于9月末成熟。

分布于保护区内椿木营等地，海拔1500~2000m的常绿阔叶林或灌丛中。

根茎入药，有止血消炎的功能。

百合科 (Lilyaceae)　　　　　　　　　　　　　　　　　重楼属 (*Paris*)

七叶一枝花　*Paris polyphylla* Smith

多年生草本，高35~100cm。根状茎粗厚，直径达1~2.5cm。叶7~10枚，倒卵状披针形，长7~15cm，宽2.5~5cm。花梗长5~30cm；外轮花被片绿色，3~6枚，狭卵状披针形，长3~7cm；内轮花被片狭条形，通常比外轮长；雄蕊8~12枚，花药短与花丝近等长；子房近球形，具棱。蒴果紫色，3~6瓣裂开。

花期4~7月，果期8~11月。

保护区内常见种。

百合科 (Lilyaceae)   重楼属 (*Paris*)

球药隔重楼 *Paris fargesii Franch* Franch.

　　多年生草本，株高可达1~2m。叶3~6枚轮生，宽卵圆形，长9~20m，宽4.5~14cm，基部略呈心形；叶柄长2~4cm。花梗长20~40cm；外轮花被片叶状，通常5枚，长3.5~9cm；内轮花被片通常长1~1.5cm；雄蕊8枚，花丝长约1~2mm，花药短条形，稍长于花丝，药隔突出部分圆头状，肉质，紫褐色，长约1mm。

　　花期5~6月，果期7~9月。

　　分布于保护区内长潭河、沙道沟等地。

百合科（Lilyaceae）   重楼属（*Paris*）

狭叶重楼 *Paris polyphylla* var. *stenophylla* Franch

叶8~13枚轮生，披针形、倒披针形或条状披针形，长5.5~19cm，宽1.5~2.5cm，先端渐尖，基部楔形，具短叶柄。外轮花被片叶状，5~7枚，狭披针形或卵状披针形，长3~8cm，宽1~1.5cm，先端渐尖头，基部渐狭成短柄；雄蕊7~14枚，子房近球形，暗紫色。

花期6~8月，果期9~10月。

分布于保护区内椿木营、长潭河等地，海拔1000~2000m的林下或草丛阴湿处。

百合科 (Lilyaceae)   竹根七属 (*Disporopsis*)

散斑竹根七 *Disporopsis aspera* (Hua) Engl. ex K. Krause

多年生常绿草本。根状茎圆柱状，茎高10~40cm。叶厚纸质，卵状椭圆形，长3~8cm，宽1~4cm，具柄，两面无毛。花1~2朵生于叶腋，黄绿色，多少具黑色斑点，俯垂；花被钟形，长10~14mm；花被筒长约为花被全长的1/3，口部不缢缩。浆果近球形，直径约8mm，熟时蓝紫色。

花期5~6，果期9~10月。

分布于保护区内长潭河、椿木营等地。

石蒜科 (Amaryllidaceae)　　　　　　　　　　　　　　石蒜属 (*Lycoris*)

忽地笑 *Lycoris aurea* (L'Hér.) Herb.

鳞茎卵形，直径约5cm。秋季出叶，叶剑形，长约60cm，宽处达25cm，向基部渐狭，宽约17cm，顶端渐尖，中间淡色带明显。花茎高约60cm；总苞片2枚，披针形；伞形花序有花4~8朵；花黄色；花被裂片背面具淡绿色中肋，倒披针形，长约6cm，宽约1cm，强度反卷和皱缩，花被筒长12~15cm。蒴果具三棱，室背开裂。

花期8~9月，果期10月。

分布于保护区内长潭河等地，生于阴湿山坡，庭园也栽培。

石蒜科 （Amaryllidaceae）   石蒜属 （*Lycoris*）

石蒜 *Lycoris radiata* (L'Hér.) Herb.

鳞茎近球形，直径1~3cm。秋季出叶，叶狭带状，长约15cm，宽约0.5cm，顶端钝，深绿色，中间有粉绿色带。花茎高约30cm；总苞片2枚，披针形；伞形花序有花4~7朵，花鲜红色；花被裂片狭倒披针形，长约3cm，宽约0.5cm，强度皱缩和反卷；雄蕊显著伸出于花被外，比花被长1倍左右。

花期8~9月，果期10月。

分布于保护区内沙道沟等地，野生于阴湿山坡和溪沟边；庭院也栽培。

薯蓣科（Dioscoreaceae）   薯蓣属（*Dioscorea*）

穿龙薯蓣 *Dioscorea nipponica* Makino

缠绕草质藤本。根状茎横生，圆柱形。茎左旋，近无毛。单叶互生，掌状心形，变化较大，边缘作不等大的三角状浅裂、中裂或深裂，叶柄长10~20cm。花雌雄异株。雄花序为腋生的穗状花序，花序基部常由2~4朵集成小伞状；雌花序穗状，单生，具退化雄蕊，柱头3裂，裂片再2裂。蒴果成熟后枯黄色，三棱形。

花期6~8月，果期8~10月。

分布于保护区内长潭河、椿木营等地，较常见。

薯蓣科 (Dioscoreaceae) 薯蓣属 (*Dioscorea*)

高山薯蓣 *Dioscorea delavayi* Franch.

　　缠绕草质藤本。掌状复叶有3~5小叶；叶片倒卵形、宽椭圆形至长椭圆形，长2.5~16cm，宽1~10cm，顶端渐尖或锐尖，全缘，两面疏生贴伏柔毛。雄花序为总状花序，单一或分枝，1至数个着生叶腋；花序轴、花梗有短柔毛；3个可育雄蕊与3个不育雄蕊互生。雌花序为穗状花序，1~3个着生叶腋。蒴果三棱状。

　　花期6~8月，果期8~11月。

　　分布于保护区内椿木营等地，海拔1400~2000m的林边、山坡路旁或次生灌丛中。

鸢尾科（Iridaceae）

射干属 (*Belamcanda*)

射干 *Belamcanda chinensis* (Linn.) DC.

多年生草本。茎高1~1.5m，实心。叶互生，镶嵌状排列，剑形，长20~60cm，宽2~4cm，基部鞘状抱茎，顶端渐。花序顶生，叉状分枝，每分枝的顶端聚生有数朵花；花梗细；花橙红色，散生紫褐色的斑点，直径4~5cm；花被裂片，2轮排列，雄蕊3，花柱上部稍扁，顶端3裂。蒴果倒卵形或长椭圆形。

花期6~8月，果期7~9月。

分布于保护区内长潭河、沙道沟等地，生于林缘或山坡草地，大部分生于海拔较低处。

根状茎入药，清热解毒、散结消炎、消肿止痛、止咳化痰。

鸢尾科 (Iridaceae)　　　　　　　　　　　　　　　　　　　　鸢尾属 (*Iris*)

蝴蝶花　　*Iris japonica* Thunb.

　　多年生草本。叶基生,暗绿色,有光泽,近地面处带红紫色,剑形,长25~60cm,宽1.5~3cm,渐尖。花茎直立,高于叶片,顶生稀疏总状聚伞花序,分枝5~12个;苞片叶状,花淡蓝色或蓝紫色,直径4.5~5.5cm;花梗伸出苞片之外。蒴果椭圆状柱形。

　　花期3~4月,果期5~6月。

　　保护区内广布种,生于山坡较阴蔽而湿润的草地、疏林下或林缘草地。

　　全草入药,清热解毒,治疗小儿发烧、肺病咳血、喉痛、外伤瘀血等。

姜科 (Zingiberaceae)   姜属 (*Zingiber*)

阳荷 *Zingiber striolatum* Diels

　　株高1~1.5m；根茎白色，微有芳香味。叶片披针形，长25~35cm，宽3~6cm；叶柄长0.8~1.2cm；叶舌2裂，膜质，具褐色条纹。总花梗长1~5cm，被2~3枚鳞片；花序近卵形，苞片红色；花冠管白色，长4~6cm，裂片白色或稍带黄色，有紫褐色条纹；唇瓣倒卵形，浅紫色。蒴果长3.5cm，熟时开裂成3瓣，内果皮红色。

　　花期7~9月；果期9~11月。

　　分布于保护区内长潭河、椿木营等地，海拔600~1900m的林荫下、溪边。

姜科 (Zingiberaceae)　　　　　　　　　　　　　　舞花姜属 (*Globba*)

舞花姜　*Globba racemosa* Smith

　　株高0.6~1m；茎基膨大。叶片长圆形或卵状披针形，长12~20cm，宽4~5cm；叶舌及叶鞘口具缘毛。圆锥花序顶生，长15~20cm，苞片早落；花黄色，各部均具橙色腺点；花萼管漏斗形，长4~5mm，顶端具3齿；花冠管长约1cm，裂片反折；唇瓣倒楔形，顶端2裂。蒴果椭圆形，无疣状凸起。

　　花期6~9月。

　　分布于保护区内长潭河、椿木营等地，海拔600~1300m的林下荫湿处。

兰科 (Orchidaceae)　　　　　　　　　　　　　　白及属 (*Bletilla*)

白及 *Bletilla striata* (Thunb. ex A. Murray) Rchb. f.

植株高18~60cm。假鳞茎扁球形，富粘性。茎粗壮，劲直。叶4~6枚，长披针形，长8~29cm，宽1.5~4cm。花序具3~10朵花；花序轴或多或少呈"之"字状曲折；花苞片开花时常凋落；花大，紫红色或粉红色；唇盘上面具5条纵褶片，从基部伸至中裂片近顶部，仅在中裂片上面为波状。

花期4~5月。

分布于保护区内长潭河、椿木营等地，海拔2000m以下的常绿阔叶林下、路边草丛或岩石缝中。

兰科（Orchidaceae）　　　　　　　　　　　斑叶兰属（*Goodyera*）

大花斑叶兰　*Goodyera biflora* (Lindl.) Hook. f.

　　植株高5~15cm。根状茎伸长，匍匐，具节。茎直立，具4~5枚叶。叶片卵形或椭圆形，长2~4cm，宽1~2.5cm，上面绿色，具白色均匀细脉连接成的网状脉纹。花茎很短，总状花序通常具2朵花；花苞片披针形；花大，长管状，白色或带粉红色；花瓣白色，无毛，稍斜菱状线形，长2.5cm，宽3~4mm，先端急尖；唇瓣白色。

　　花期2~7月。

　　分布于保护区内长潭河等地，海拔900~2000m的林下阴湿处。

兰科 (Orchidaceae)   斑叶兰属 *(Goodyera)*

小斑叶兰 *Goodyera repens* (Linn.) R. Br.

　　株高15~25cm。根状茎伸长，匍匐，具节。茎直立，具5~6枚叶。叶片卵形或卵状椭圆形，上面深绿色具白色斑纹。花茎近直立，总状花序具花10余朵、密生、多少偏向一侧；花小，白色或带绿色或带粉红色，半张开；花瓣斜匙形，无毛，长3~4 mm，先端钝，具1脉；唇瓣卵形。

　　花期7~8月。

　　保护区内较常见。

兰科 (Orchidaceae) 　　　　　　　　　　　　　　独蒜兰属 (*Pleione*)

独蒜兰　*Pleione bulbocodioides* (Franch.) Rolfe

　　半附生草本。假鳞茎卵形，上端有明显的颈，全长1~2.5cm，直径1~2cm，顶端具1枚叶。叶在花期尚幼嫩，长成后近倒披针形，纸质。花葶从无叶的老假鳞茎基部发出，直立，顶端具1花；花粉红色至淡紫色，唇瓣上有深色斑；花瓣倒披针形，稍斜歪，长3.5~5cm，宽4~7mm；唇瓣轮廓为倒卵形或宽倒卵形，不明显3裂。蒴果近长圆形。

　　花期4~6月。

　　分布于保护区内长潭河、椿木营等地，海拔1400~1800m的水边湿润岩石上。

兰科 (Orchidaceae)　　　　　　　　　　　　　　　　　　独蒜兰属 (*Pleione*)

美丽独蒜兰　*Pleione pleionoides* (Kraenzl. ex Diels) Braem et H. Mohr

　　地生或半附生草本。假鳞茎圆锥形，顶端具1枚叶。叶椭圆状披针形，纸质，长14~20cm，宽约2.5cm，先端急尖。花葶从无叶的老假鳞茎基部发出，直立，顶端具1花；花玫瑰紫色，唇瓣上具黄色褶片；花瓣倒披针形；唇瓣近菱形至倒卵形，长4.2~5.5cm，宽3.5~4.2cm。

　　花期6月。

　　分布于保护区内长潭河等地，生于林下腐植质丰富或苔藓覆盖的岩壁上。

兰科 (Orchidaceae)   杜鹃兰属 (*Cremastra*)

杜鹃兰 *Cremastra appendiculata* (D.Don) Makino

　　假鳞茎卵球形或近球形, 直径1~3cm。叶通常1枚, 生于假鳞茎顶端, 狭椭圆形、近椭圆形或倒披针状狭椭圆形, 长18~34cm, 宽5~8cm, 渐尖, 基部收狭。花葶从假鳞茎上部节上发出; 总状花序多花; 花常偏花序一侧, 淡紫褐色; 花瓣倒披针形或狭披针形, 向基部收狭成狭线形, 长1.8~2.6cm; 唇瓣与花瓣近等长。蒴果近椭圆形。

　　花期5~6月, 果期9~12月。

　　分布于保护区内长潭河等地, 海拔600~2000m的林下湿地或沟边湿地上。

兰科 (Orchidaceae)　　　　　　　　　　　　　　　　　　兰属 (*Cymbidium*)

春兰　*Cymbidium goeringii* (Rchb. f.) Rchb. f.

　　地生兰，假鳞茎较小，卵球形，包藏于叶基之内。叶4~7枚，带形，通常较短小，长20~60cm，宽5~9mm。花芽从假鳞茎基部外侧叶腋中抽出。花葶直立，长3~20cm，明显短于叶；花序具单朵花，少有2朵；花色泽变化较大，通常为绿色或淡褐黄色而有紫褐色脉纹，有香气；花粉团4个，成2对。蒴果狭椭圆形。

　　花期1~3月。

　　保护区内较常见。

兰科 (Orchidaceae)   兰属 (Cymbidium)

蕙兰 *Cymbidium faberi* Rolfe

　　地生兰草, 叶7~9枚丛生, 条形, 长25~100cm, 宽约1cm, 中下部常对褶, 边缘有细齿, 具透明的叶脉。花葶高30~80cm, 总状花序有6~12花, 花浅黄绿色, 清香, 萼片狭披针形, 长3~4cm, 宽6~8mm, 唇瓣有紫红色斑点。

　　花期3~5月。

　　保护区内较常见。

兰科 (Orchidaceae)　　　　　　　　　　　　　　　盆距兰属 (*Gastrochilus*)

宣恩盆距兰 *Gastrochilus xuanenensis* Z. H. Tsi

　　植物体矮小。叶二列互生，直立伸展，长圆形或镰刀状长圆形，长2~2.5cm，宽5~8mm，先端稍尖并且2~3小裂，裂片芒状。伞形花序具少数花；花瓣相似于侧萼片，近等大；前唇肾状三角形，全缘，上面无毛而中央的垫状物延伸到后唇的前面内壁；后唇盆状，末端圆形并且在外侧具3条脊突，上端两侧具呈耳状抬起的口缘；口缘明显高于前唇，前端具宽的凹口。

　　花期5月。

　　分布于保护区内长潭河等地，海拔约1200m的山地林缘树干上。

兰科 (Orchidaceae)　　　　　　　　　　　　山兰属 (*Oreorchis*)

长叶山兰　*Oreorchis fargesii* Finet

假鳞茎近球形,直径1~2cm,外被撕裂成纤维状的鞘。叶2枚,生于假鳞茎顶端,线状披针形或线形,长20~28cm,宽0.8~1.8cm,纸质,有关节,关节下方由叶柄套迭成假茎状。花葶从假鳞茎侧面发出,直立;总状花序具花10余朵或更多,白色并有紫纹;花瓣狭卵形,长9~10mm,宽3~3.5mm;唇瓣轮廓为长圆状倒卵形。蒴果狭椭圆形。

花期5~6月,果期9~10月。

分布于保护区内长潭河等地,海拔700~2000m的林下、灌丛中或沟谷旁。

兰科 (Orchidaceae)　　　　　　　　　　　　　　　　　山珊瑚属 (*Galeola*)

毛萼山珊瑚 *Galeola lindleyana* (Hook. f. et Thoms.) Rchb. f.

　　高大植物，半灌木状。茎直立，红褐色，节上具宽卵形鳞片。圆锥花序由顶生与侧生总状花序组成；总状花序基部的不育苞片卵状披针形；花黄色，开放后直径可达3.5cm；萼片椭圆形至卵状椭圆形，背面密被锈色短绒毛并具龙骨状突起，花瓣宽卵形至近圆形，宽12~14mm；唇瓣凹陷成杯状，近半球形。果实近长圆形，外形似厚的荚果，淡棕色。

　　花期5~8月，果期9~10月。

　　分布于保护区内椿木营、长潭河等地，海拔800~2000m的疏林下、沟谷边腐殖质丰富、湿润、多石处。

兰科 (Orchidaceae)　　　　　　　　　　　　　　杓兰属 (*Cypripedium*)

绿花杓兰　*Cypripedium henryi* Rolfe

植株高30~60cm。茎直立，被短柔毛，具4~5枚叶。叶片椭圆状至卵状披针形，长10~18cm，宽6~8cm，渐尖，几无毛。花序顶生，通常具2~3花；花绿色至绿黄色；花瓣线状披针形，长4~5cm，宽5~7mm，唇瓣深囊状，椭圆形。蒴果近椭圆形，被毛。

花期4~5月，果期7~9月。

分布于保护区内长潭河等地，海拔800~2000m的疏林下、林缘、湿润和腐殖质丰富处。

兰科 (Orchidaceae)　　　　　　　　　　　　　杓兰属 (*Cypripedium*)

扇脉杓兰　*Cypripedium japonicum* Thunb.

　　株高35~55cm，根状茎横走；茎直立，被褐色长柔毛，基部具数枚鞘。叶通常2枚，近对生，位于植株近中部处，叶片扇形。花序顶生，具1花；花俯垂；萼片和花瓣淡黄绿色，基部多少有紫色斑点，唇瓣淡黄绿色至淡紫白色，具紫红色斑点和条纹；花瓣斜披针形，长4~5cm，宽1~1.2cm，内表面基部具长柔毛；唇瓣下垂，囊状。蒴果近纺锤形。

　　花期4~5月，果期6~10月。

　　分布于保护区内长潭河等地，海拔1200~1600m。

兰科 (Orchidaceae) 　　　　　　　　　　　　　石斛属 (*Dendrobium*)

广东石斛　*Dendrobium wilsonii* Rolfe

　　茎直立或斜立, 细圆柱形。叶革质, 二列、数枚, 互生于茎的上部, 狭长圆形, 长3~5cm, 宽6~12 mm, 先端钝并且稍不等侧2裂, 基部具抱茎的鞘; 叶鞘革质。总状花序1~4个, 具1~2朵花; 花序柄长3~5mm, 基部被3~4枚宽卵形的膜质鞘; 花大, 乳白色, 有时带淡红色, 开展; 花瓣近椭圆形, 长2.5~4cm, 宽1~1.5cm; 唇瓣卵状披针形。

　　花期5月。

　　分布于保护区内长潭河等地, 海拔1000~1300m的山地阔叶林中树干上或林下岩石上。

兰科 (Orchidaceae)　　　　　　　　　　　　　　　　绶草属 (*Spiranthes*)

绶草　*Spiranthes sinensis* (Pers.) Ames

　　株高13~30cm。叶片宽线形，直立伸展，长3~10cm，常宽5~10mm，先端急尖或渐尖，基部收狭具柄状抱茎的鞘。花茎直立，长10~25cm；总状花序具多数密生的花，呈螺旋状扭转；花小，紫红色、粉红色或白色，在花序轴上呈螺旋状排生；花瓣斜菱状长圆形，先端钝，与中萼片等长但较薄；唇瓣宽长圆形。

　　花期7~8月。

　　分布于保护区内椿木营等地，海拔600~2000m的山坡、灌丛、草地或沼泽草甸中。

兰科 (Orchidaceae)　　　　　　　　　　　　　天麻属 (*Gastrodia*)

天麻　　*Gastrodia elata* Bl.

植株高30~100cm；根状茎肥厚，块茎状，肉质，具较密的节，节上被许多三角状宽卵形的鞘。茎直立，下部被数枚膜质鞘。总状花序长5~30cm，通常具30~50朵花；花苞片长圆状披针形，膜质；花扭转，橙黄、淡黄、蓝绿或黄白色，近直立；萼片和花瓣合生成斜歪筒；唇瓣长圆状卵圆形。蒴果倒卵状椭圆形。

花果期5~7月。

保护区内较常见，生于疏林下、林中空地、林缘，灌丛边缘等，海拔400~2000m。

根状茎入药，治疗头晕目眩、肢体麻木、小儿惊风等症。

兰科 (Orchidaceae)

头蕊兰属 (*Cephalanthera*)

金兰 *Cephalanthera falcata* (Thunb. ex A. Murray) Bl.

地生草本，高20~50cm。茎直立，下部具3~5枚鞘。叶4~7枚；椭圆形或卵状披针形，长5~11cm，宽1.5~3.5cm，先端渐尖或钝，基部收狭并抱茎。总状花序长3~8cm，通常有5~10朵花；花黄色；唇瓣长8~9mm，3裂，基部有距。蒴果狭椭圆状。

花期4~5月，果期8~9月。

分布于保护区内长潭河等地，海拔700~1600m的林下、灌丛中、草地或沟谷旁。

兰科 (Orchidaceae)　　　　　　　　　　头蕊兰属 (*Cephalanthera*)

银兰　*Cephalanthera erecta* (Thunb. ex A. Murray) Blume

　　地生草本，高10~30cm。茎纤细，直立，下部具2~4枚鞘。叶片椭圆形至卵状披针形，长2~8cm，宽0.7~2.3cm，先端急尖或渐尖，基部收狭并抱茎。总状花序长2~8cm，具3~10朵花；花白色；花瓣与萼片相似，但稍短；唇瓣长5~6mm，3裂，基部有距。蒴果狭椭圆形或宽圆筒形。

　　花期4~6月，果期8~9月。

　　分布于保护区内长潭河等地，海拔850~2000m的林下、灌丛中或沟边土层厚且有一定阳光处。

兰科 (Orchidaceae)　　　　　　　　　　　　　　　　　　　　虾脊兰属 (*Calanthe*)

钩距虾脊兰　*Calanthe graciliflora* Hayata

　　假鳞茎短，近卵球形，粗约2cm，具3~4枚鞘和3~4枚叶。叶在花期尚未完全展开，椭圆状披针形，两面无毛。花葶长达70cm，高出叶层之外，密被短毛；总状花序疏生多数花，无毛；花张开；萼片和花瓣在背面褐色，内面淡黄色；花瓣倒卵状披针形，长9~13mm，宽3~4mm，先端锐尖，基部具短爪，具3~4条脉，无毛；唇瓣浅白色，3裂。

　　花期3~5月。

　　保护区内常见种，海拔900~1400m。

兰科 (Orchidaceae)　　　　　　　　　　　　　　　　虾脊兰属 (*Calanthe*)

三棱虾脊兰　*Calanthe tricarinata* Lindl.

　　根状茎不明显。假茎粗壮，长4~15cm。叶在花期时尚未展开，薄纸质，椭圆形或倒卵状披针形，长20~30cm，宽5~11cm，基部收狭为鞘状柄，边缘波状。花葶从假茎顶端的叶间发出，被短毛；总状花序长3~20cm，疏生少数至多数花；花张开，质地薄，萼片和花瓣浅黄色；唇瓣红褐色，3裂；唇盘上具3~5条鸡冠状褶片，无距。

　　花期5~6月。

　　分布于保护区内长潭河等地，生于海拔1600~2000m的山坡草地上或混交林下。

兰科 (Orchidaceae)   羊耳蒜属 (*Liparis*)

见血青 *Liparis nervosa* (Thunb. ex A. Murray) Lindl.

　　地生草本。茎（或假鳞茎）圆柱状，肥厚，肉质。叶3~5枚，卵形至卵状椭圆形，膜质或草质，长5~11cm，宽3~5cm，先端近渐尖，全缘，基部收狭并下延成鞘状柄。花葶发自茎顶端，长10~20cm；总状花序通常具数朵至10余朵花；花紫色；花瓣丝状，长7~8mm，宽约0.5mm，亦具3脉；唇瓣长圆状倒卵形。蒴果倒卵状长圆形。

　　花期2~7月，果期10月。

　　分布于保护区内长潭河等地，生于林下、溪谷旁或岩石覆土上，海拔约1000m。

兰科 (Orchidaceae)　　　　　　　　　　　玉凤花属 (*Habenaria*)

裂瓣玉凤花　*Habenaria petelotii* Gagnep.

　　植株高350cm。茎粗壮，圆柱形，直立，中部集生5~6枚叶。叶片椭圆形，长3~15cm，宽2~4cm，渐尖，基部收狭成抱茎的鞘。花茎无毛；总状花序具3~12朵疏生的花，长4~12cm；花淡绿色或白色，中等大；花瓣从基部2深裂，裂片线形，近等宽，唇瓣基部之上3深裂，裂片线形。

　　花期7~9月。

　　分布于保护区内长潭河等地，海拔600~1600m的山坡或沟谷林下。

兰科 (Orchidaceae)　　　　　　　　　　　　　玉凤花属 (*Habenaria*)

毛葶玉凤花 *Habenaria ciliolaris* Kraenzl.

植株高25~60cm。叶片椭圆状披针形、倒卵状匙形或长椭圆形，长5~16cm，宽2~5cm，先端渐尖或急尖，基部收狭抱茎。总状花序具6~15朵花，花白色或绿白色，罕带粉色，中等大；花瓣直立，斜披针形，不裂，长6~7mm，基部宽2~3mm，先端渐尖或长渐尖；唇瓣较萼片长，基部3深裂。

花期7~9月。

分布于保护区内长潭河等地，海拔约１３００ｍ。

索　引

索引1　科名中文名索引（Index to Chinese Names for Family）

索引2　科名学名索引（Index to Scientific Names for Family）

索引3　植物中文名索引（Index to Chinese Names for Plant）

索引4 植物学名索引 (Index to Scientific Names for Plant)